Imagine Infinite!

창의영재수학

아이앤아이

영재들의 수학여행

Math Travel

초급 D 규칙
초등 3~5학년 볼리비아편

창의영재수학

아이앤아이

영재들의 수학여행

Math Travel

01 수학 여행 테마로 수학 사고력 활동을 자연스럽게 이어갈 수 있도록 하였습니다.

02 키즈 - 입문 - 초급 - 중급 - 고급으로 이어지는 단계별 창의 영재 수학 학습 시리즈입니다.

03 각 챕터마다 기초 - 심화 - 응용의 문제 배치로 쉬운 것부터 차근차근 문제해결력을 향상시킵니다.

04 각종 수학 사고력, 창의력 문제, 지능검사 문제, 대회 기출 문제 등을 체계적으로 정밀하게 다듬어 정리하였습니다.

05 과학, 음악, 미술, 영화, 스포츠 등에 관련된 융합형(STEAM) 수학 문제를 흥미롭게 다루었습니다.

06 단계적 학습으로 창의적 문제해결력을 향상시켜 영재교육원에 도전해 보세요.

창의영재가 되어볼까?

교재 구성

키즈 (6세 7세 초1)	A (수)	B (연산)	C (도형)	D (측정)	E (규칙)	F (문제해결력)	G (워크북)
	수와 숫자 수 비교하기 수 규칙 수 퍼즐	가르기와 모으기 덧셈과 뺄셈 식 만들기 연산 퍼즐	평면도형 입체도형 위치와 방향 도형 퍼즐	길이와 무게 비교 넓이와 들이 비교 시계와 시간 부분과 전체	패턴 이중 패턴 관계 규칙 여러 가지 규칙	모든 경우 구하기 분류하기 표와 그래프 추론하기	수 연산 도형 측정 규칙 문제해결력

입문 (초1~3)	A (수와 연산)	B (도형)	C (측정)	D (규칙)	E (자료와 가능성)	F (문제해결력)	G (워크북)
	수와 숫자 조건에 맞는 수 수의 크기 비교 합과 차 식 만들기 벌레 먹은 셈	평면도형 입체도형 모양 찾기 도형 나누기와 움직이기 쌓기나무	길이 비교 길이 재기 넓이와 들이 비교 무게 비교 시계와 달력	수 규칙 여러 가지 패턴 수 배열표 암호 새로운 연산 기호	경우의 수 리그와 토너먼트 분류하기 그림 그려 해결하기 표와 그래프	문제 만들기 주고 받기 어떤 수 구하기 재치있게 풀기 추론하기 미로와 퍼즐	수와 연산 도형 측정 규칙 자료와 가능성 문제해결력

초급 (초3~5)	A (수와 연산)	B (도형)	C (측정)	D (규칙)	E (자료와 가능성)	F (문제해결력)
	수 만들기 수와 숫자의 개수 연속하는 자연수 가장 크게, 가장 작게 도형이 나타내는 수 마방진	색종이 접어 자르기 도형 붙이기 도형의 개수 쌓기나무 주사위	길이와 무게 재기 시간과 들이 재기 덮기와 넓이 도형의 둘레 원	수 패턴 도형 패턴 수 배열표 새로운 연산 기호 규칙 찾아 해결하기	가짓수 구하기 리그와 토너먼트 금액 만들기 가장 빠른 길 찾기 표와 그래프(평균)	한붓 그리기 논리 추리 성냥개비 다른 방법으로 풀기 간격 문제 배수의 활용

중급 (초4~6)	A (수와 연산)	B (도형)	C (측정)	D (규칙)	E (자료와 가능성)	F (문제해결력)
	복면산 수와 숫자의 개수 연속하는 자연수 수와 식 만들기 크기가 같은 분수 여러 가지 마방진	도형 나누기 도형 붙이기 도형의 개수 기하판 정육면체	수직과 평행 다각형의 각도 접기와 각 붙여 만든 도형 단위 넓이의 활용	규칙성 찾기 도형과 연산의 규칙 규칙 찾아 개수 세기 교점과 영역 개수 수 배열의 규칙	경우의 수 비둘기집 원리 최단 거리 만들 수 있는, 없는 수 평균	논리 추리 님 게임 강 건너기 창의적으로 생각하기 효율적으로 생각하기 나머지 문제

고급 (초6~중등)	A (수와 연산)	B (도형)	C (측정)	D (규칙)	E (자료와 가능성)	F (문제해결력)
	연속하는 자연수 배수 판정법 여러 가지 진법 계산식에 써넣기 조건에 맞는 수 끝수와 숫자의 개수	입체도형의 성질 쌓기나무 도형 나누기 평면도형의 활용 입체도형의 부피, 겉넓이	시계와 각도 평면도형의 활용 도형의 넓이 거리, 속력, 시간 도형의 회전 그래프 이용하기	암호 해독하기 여러 가지 규칙 여러 가지 수열 연산 기호 규칙 도형에서의 규칙	경우의 수 비둘기집 원리 입체도형에서의 경로 영역 구분하기 확률	홀수와 짝수 조건 분석하기 다른 질량 찾기 뉴튼산 작업 능률

책의 구성과 활용

단원들어가기

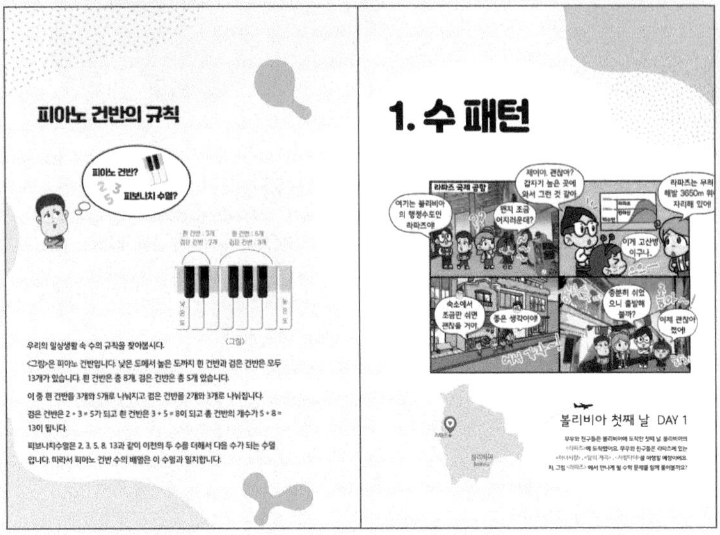
피아노 건반의 규칙
피아노 건반?
피보나치 수열?
<그림>
우리의 일상생활 속 수의 규칙을 찾아봅시다.
<그림>은 피아노 건반입니다. 낮은 도에서 높은 도까지 흰 건반과 검은 건반은 모두 13개가 있습니다. 흰 건반은 총 8개, 검은 건반은 총 5개 있습니다.
이 중 흰 건반을 3개와 5개로 나눠지고 검은 건반을 2개와 3개로 나눠집니다.
검은 건반은 2 + 3 = 5가 되고 흰 건반은 3 + 5 = 8이 되고 총 건반의 개수가 5 + 8 = 13이 됩니다.
피보나치수열은 2, 3, 5, 8, 13과 같이 이전의 두 수를 더해서 다음 수가 되는 수열입니다. 따라서 피아노 건반 수의 배열은 이 수열과 일치합니다.
1. 수 패턴
라파즈 국제 공항
여기는 볼리비아의 행정수도인 라파즈야!
왠지 조금 어지러운데?
제이야, 괜찮아? 갑자기 높은 곳에 와서 그런 것 같아
라파즈는 무려 해발 3650m 위에 자리해 있어!
이게 고산병이구나.
숙소에서 조금만 쉬면 괜찮을 거야
좋은 생각이야!
충분히 쉬었으니 출발해 볼까?
이제 괜찮아졌어!
볼리비아 첫째 날 DAY 1

친구들의 수학여행(Math Travel)과 함께 단원이 시작됩니다. 여행지에서 수학문제를 발견하고 창의적으로 해결해 나갑니다.

아이앤아이 수학여행 친구들

전 세계 곳곳의 수학 관련 문제들을 풀며 함께 세계여행을 떠날 친구들을 소개할게요!

무우

팀의 맏리더. 행동파 리더.

에너지 넘치는 자신감과 무한 긍정으로 팀원에게 격려와 응원을 아끼지 않는 팀의 맏형, 솔선수범하는 믿음직한 해결사예요.

상상

팀의 챙김이 언니, 아이디어 뱅크.

감수성이 풍부하고 공감력이 뛰어나 동생들의 고민을 경청하고 챙겨주는 맏언니예요.

알알

진지하고 생각 많은 똑똑이 알알이.

겁 많고 부끄럼 많고 소심하지만 관찰력이 뛰어나고 생각 깊은 아이에요. 야무진 성격을 보여주는 알밤머리와 주근깨 가득한 통통한 볼이 특징이에요.

제이

궁금한게 많은 막내 엉뚱이 제이.

엉뚱한 질문이나 행동으로 상대방에게 웃음을 주어요. 주위의 것을 놓치고 싶지 않은 장난기가 가득한 매력덩어리입니다.

단원살펴보기

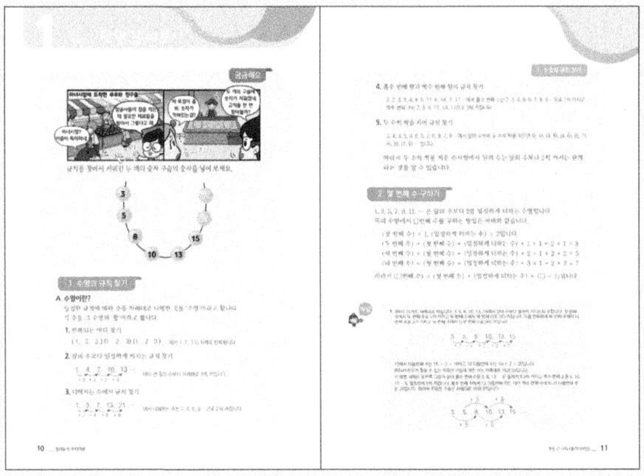

단원의 주제되는 내용을 정리하고 '궁금해요' 문제를 풀어봅니다.

대표문제

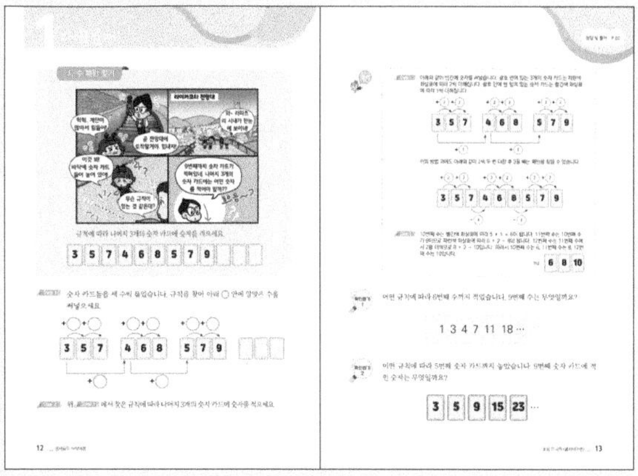

대표되는 문제를 단계적으로 해결하고 '확인하기' 문제를 풀어봅니다.

연습문제

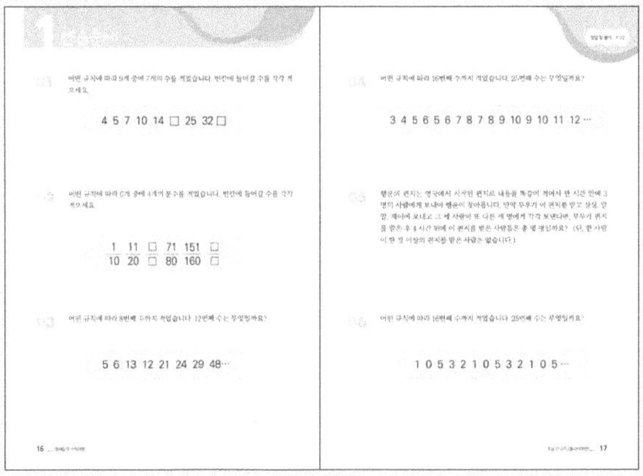

단원살펴보기 및 대표문제에서 익힌 내용을 알차게 구성된 사고력 문제를 통해 점검하며 주제에 대한 탄탄한 기본기를 다집니다.

심화문제

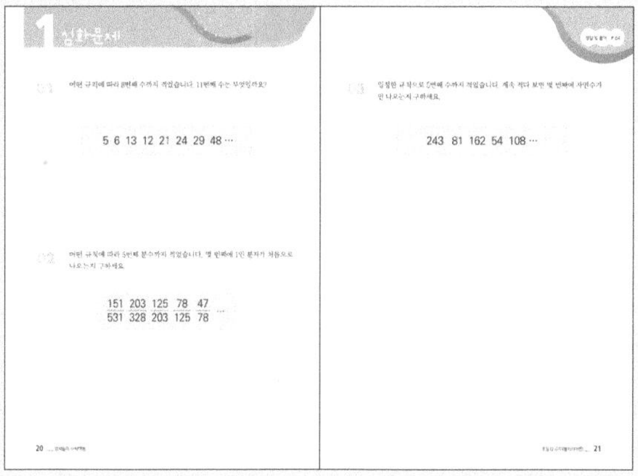

단원에 관련된 문제의 이해와 응용력을 바탕으로 창의적 문제 해결력을 기릅니다.

창의적문제해결수학

창의력 응용문제, 융합문제를 풀며 해당 단원 문제에 자신감을 가집니다.

정답 및 풀이

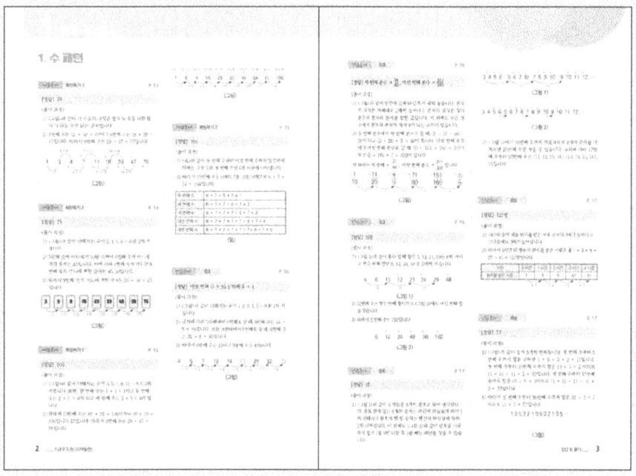

상세한 풀이과정과 함께 수학적 사고력을 완성합니다.

차례
CONTENTS

초급 D 규칙
초등3~5학년

피아노 건반의 규칙

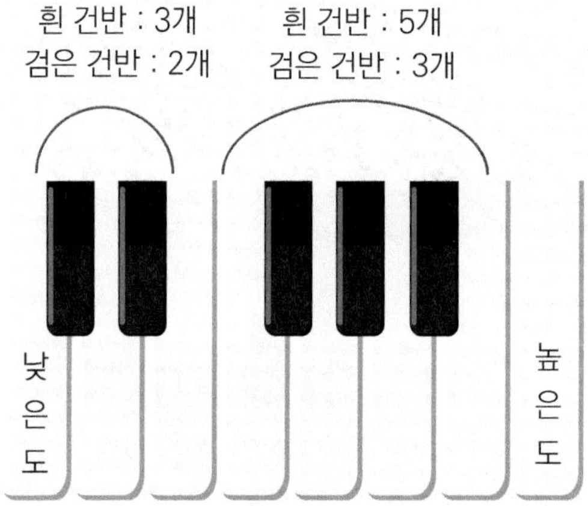

〈그림〉

일상생활 속 수의 규칙을 찾아봅시다.

<그림>은 피아노 건반입니다. 낮은 도에서 높은 도까지 흰 건반과 검은 건반은 모두 13개가 있습니다. 흰 건반은 총 8개, 검은 건반은 총 5개 있습니다.

이 중 흰 건반은 3개와 5개로 나눠지고 검은 건반은 2개와 3개로 나눠집니다.

검은 건반은 2 + 3 = 5가 되고 흰 건반은 3 + 5 = 8이 되고 총 건반의 개수가 5 + 8 = 13이 됩니다.

피보나치수열은 2, 3, 5, 8, 13과 같이 이전의 두 수를 더해서 다음 수가 되는 수열입니다. 따라서 피아노 건반 수의 배열은 이 수열과 일치합니다.

1. 수 패턴

라파즈 국제 공항
여기는 볼리비아의 행정수도인 라파즈야!
??
왠지 조금 어지러운데?
제이야, 괜찮아? 갑자기 높은 곳에 와서 그런 것 같아.
3650m
1950m
라파즈
한라산
해수면
라파즈는 무려 해발 3650m 위에 자리해 있어!
이게 고산병 이구나..
으으~
숙소에서 조금만 쉬면 괜찮을 거야.
좋은 생각이야!
어서 가자~!
잠시 후...
충분히 쉬었으니 출발해 볼까?
좋아~!
이제 괜찮아졌어!
히히

라파즈★
볼리비아
Bolivia

볼리비아 첫째 날 DAY 1

무우와 친구들은 볼리비아에 도착한 첫째 날, 볼리비아의 <라파즈>에 도착했어요. 무우와 친구들은 라파즈에 있는 <마녀시장>, <달의 계곡>, <차칼타야>를 여행할 예정이에요. 자, 그럼 <라파즈> 에서 만나게 될 수학 문제를 함께 풀어볼까요?

궁금해요

마녀시장에 도착한 무우와 친구들
마녀시장? 이름이 특이하네.
점술사들이 점을 치는 데 필요한 재료들을 팔아서 그렇다고 해.
짠~!
저 목걸이 좀 봐. 숫자가 적혀있는걸?
??
음~?
두 개의 구슬에 숫자가 지워졌네. 규칙을 한 번 찾아볼까?

규칙을 찾아서 지워진 두 개의 숫자 구슬의 숫자를 넣어 보세요.

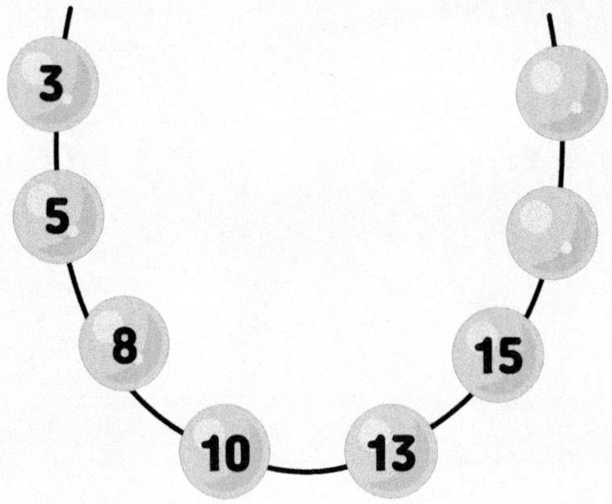
3
5
8
10
13
15

1. 수열의 규칙 찾기

A. 수열이란?

일정한 규칙에 따라 수를 차례대로 나열한 것을 '수열'이라고 합니다.
각 수를 그 수열의 '항'이라고 합니다.

1. 반복되는 마디 찾기

(1, 2, 3,) (1 2 3) (1, 2 3) 에서 1, 2, 3 이 차례로 반복됩니다.

2. 앞의 수보다 일정하게 커지는 규칙 찾기

1, 4, 7, 10, 13 ⋯ 에서 맨 앞의 수부터 차례대로 3씩 커집니다.
+3 +3 +3 +3

3. 더해지는 수에서 규칙 찾기

1, 3, 7, 13, 21 ⋯ 에서 더해지는 수는 2, 4, 6, 8 ⋯으로 2씩 커집니다.
+2 +4 +6 +8

4. 홀수 번째 항과 짝수 번째 항의 규칙 찾기

2, 2, 3, 5, 4, 8, 5, 11, 6, 14, 7, 17 …에서 홀수 번째 수는 2, 3, 4, 5, 6, 7, 8, 9 …으로 1씩 커지고 짝수 번째 수는 2, 5, 8, 11, 14, 17으로 3씩 커집니다.

5. 두 수씩 짝을 지어 규칙 찾기

2, 4, 3, 5, 4, 6, 5, 7, 6, 8, 7, 9 …에서 앞의 수부터 두 수씩 짝을 지으면 (2, 4), (3, 5), (4, 6), (5, 7), (6, 8), (7, 9) … 입니다.

두 수씩 짝을 지은 순서쌍에서 뒤의 수는 앞의 수보다 2씩 커지는 관계라는 것을 알 수 있습니다.

2. 몇 번째 수 구하기

1, 3, 5, 7, 9, 11, … 은 앞의 수보다 2를 일정하게 더하는 수열입니다.
위의 수열에서 □번째 수를 구하는 방법은 아래와 같습니다.

(첫 번째 수) = 1, (일정하게 더하는 수) = 2입니다.
(두 번째 수) = (첫 번째 수) + (일정하게 더하는 수) × 1 = 1 + 2 × 1 = 3
(세 번째 수) = (첫 번째 수) + (일정하게 더하는 수) × 2 = 1 + 2 × 2 = 5
(네 번째 수) = (첫 번째 수) + (일정하게 더하는 수) × 3 = 1 + 2 × 3 = 7

따라서 (□번째 수) = (첫 번째 수) + (일정하게 더하는 수) × (□ - 1)입니다.

1. 3부터 15까지 차례대로 적습니다. 3, 5, 8, 10, 13, 15에서 앞의 수보다 얼마씩 커지는지 구합니다. 첫 번째 수에서 두 번째 수로 2가 커지고 두 번째 수에서 세 번째 수로 3이 커집니다. 이를 반복하여 세 번째 수에서 네 번째 수로 2가 커지고 네 번째 수에서 다섯 번째 수로 3이 커집니다.

3, 5, 8, 10, 13, 15 …
+ 2 + 3 + 2 + 3 + 2

15에서 다음번째 수는 15 + 3 = 18이고 18 다음번째 수는 18 + 2 = 20입니다.
따라서 무우가 찾을 수 있는 지워진 구슬에 적힌 수는 차례대로 18과 20입니다.
이 방법 외에도 아래와 같이 홀수 번째 수들 3, 8, 13 … 은 일정하게 5씩 커지고 짝수 번째 수들 5, 10, 15… 도 일정하게 5씩 커집니다. 홀수 번째 수에서 13 다음번째 수는 18 짝수 번째 수에서 15 다음번째 수는 20입니다. 따라서 지워진 구슬의 숫자는 차례대로 18과 20입니다.

+ 5 + 5 + 5
3, 5, 8, 10, 13, 15 [18] [20] …
+ 5 + 5 + 5

1. 수 패턴 찾기

헉헉.. 계단이 많아서 힘들어!
곧 전망대에 도착할거야. 힘내자!
라이카코타 전망대
와~ 라파즈의 시내가 한눈에 보이네!
와~
이것 봐! 바닥에 숫자 카드들이 놓여 있어!
어라?
무슨 규칙이 있는 것 같은데?
9번째까지 숫자 카드가 적혀있네. 나머지 3개의 숫자 카드에는 어떤 숫자를 적어야 할까??
흐음~?

규칙에 따라 나머지 3개의 숫자 카드에 숫자를 적으세요.

3	5	7	4	6	8	5	7	9			

Step 1 숫자 카드들을 세 수씩 묶었습니다. 규칙을 찾아 아래 ◯ 안에 알맞은 수를 써넣으세요.

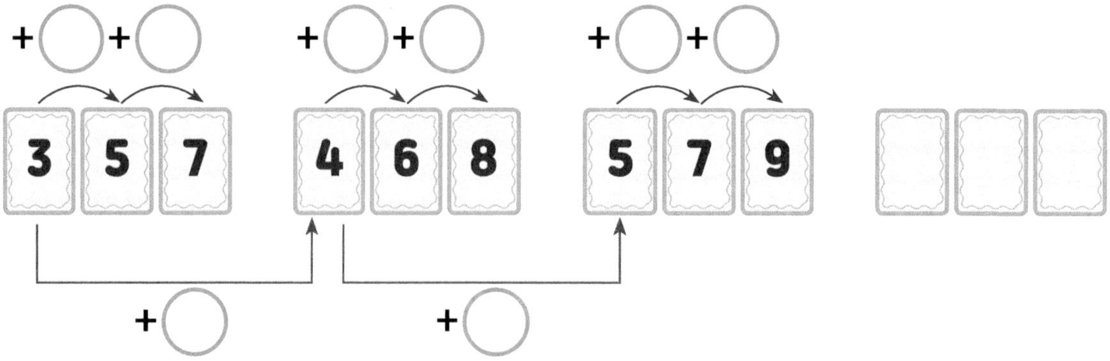
+◯+◯
3 5 7
+◯+◯
4 6 8
+◯+◯
5 7 9
+◯
+◯

Step 2 위 **Step 1** 에서 찾은 규칙에 따라 나머지 3개의 숫자 카드에 숫자를 적으세요.

풀이

Step 1 아래와 같이 ◯에 숫자를 써넣습니다. 묶은 3개의 숫자 카드는 파란색 화살표에 따라 2씩 더해집니다. 맨 앞의 있는 숫자 카드는 빨간색 화살표에 따라 1씩 더해집니다.

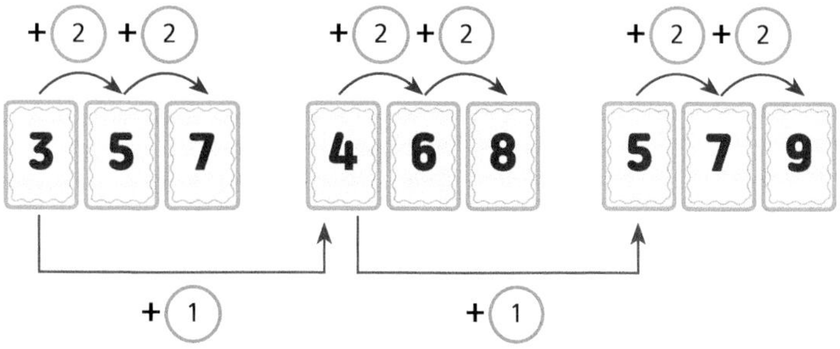

위의 방법 외에도 아래와 같이 2씩 두 번 더한 후 3을 빼는 패턴을 찾을 수 있습니다.

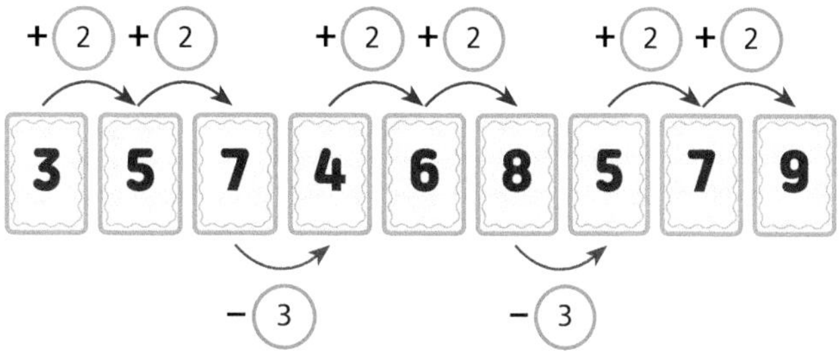

Step 2 10번째 수는 빨간색 화살표에 따라 5 + 1 = 6이 됩니다. 11번째 수는 10번째 수가 6이므로 파란색 화살표에 따라 6 + 2 = 8이 됩니다. 12번째 수는 11번째 수에서 2를 더하므로 8 + 2 = 10입니다. 따라서 10번째 수는 6, 11번째 수는 8, 12번째 수는 10입니다.

정답 : 6 8 10

확인하기 1

어떤 규칙에 따라 6번째 수까지 적었습니다. 9번째 수는 무엇일까요?

1 3 4 7 11 18 …

확인하기 2

어떤 규칙에 따라 5번째 숫자 카드까지 놓았습니다. 9번째 숫자 카드에 적힌 숫자는 무엇일까요?

3 5 9 15 23 …

2. 수 패턴의 응용

달의 계곡
여기는 왜 달의 계곡이라는 이름인 거야?
풀이 적어서 지형의 모습이 달의 표면 같이 신비하게 보여서 그렇대.
삐리리~
어? 어디서 피리 부는 소리가 들려!
소리가 들리는 쪽으로 가볼까?
찾았다!
안녕하세요? 피리 소리가 정말 멋져요!
와~!
고마워! 보답으로 문제를 풀면, 멋진 스키장이 있는 곳을 알려줄게.
오!
앗 정말요? 그렇다면 지금 당장 문제를 풀어 볼게요!
좋아요!

문제

아래 수열에서 69는 몇 번째 수일까요?

9, 15, 21, 27, 33 ⋯

Step 1 수들이 몇씩 커지는지 아래 ◯ 안에 알맞은 수를 써넣으세요.

9 15 21 27 33

+◯ +◯ +◯ +◯

Step 2 <표>는 두 번째 수부터 다섯 번째 수까지 첫 번째 수와 더하는 수를 이용하여 나타냈습니다. 첫 번째수와 더하는 수를 이용하여 □번째 수를 표에 적으세요.

두 번째 수	9 + 6 = 9 + 6 × 1
세 번째 수	9 + 6 + 6 = 9 + 6 × 2
네 번째 수	9 + 6 + 6 + 6 = 9 + 6 × 3
다섯 번째 수	9 + 6 + 6 + 6 + 6 = 9 + 6 × 4
□번째 수	

〈표〉

Step 3 69는 몇 번째 수인지 구하세요.

풀이

Step 1 아래와 같이 빈칸에 숫자 6을 적습니다. 9부터 일정한 수인 6이 더해지는 수열입니다.

9 15 21 27 33

+6 +6 +6 +6

Step 2 일정하게 더하는 수인 6과 첫 번째 수인 9를 이용하여 □번째 수를 나타냅니다. 주어진 표에서 두 번째 수는 9 + 6으로 15이고 세 번째 수는 9 + 6 + 6 = 9 + 6 × 2로 21입니다. 또한, 네 번째 수는 9에다 6을 3번 더하므로 9 + 6 × 3으로 27이고 다섯 번째 수는 9에다 6을 4번 더하므로 9 + 6 × 4입니다.

□번째 수는 9에 6을 (□ - 1)번 더하므로 9 + 6 × (□ - 1)입니다.

Step 3 □번째 수 = 9 + 6 × (□ - 1)이므로 69 = 9 + 6 × (□ - 1)입니다. 6 × (□ - 1) = 60이므로 (□ - 1) = 10입니다. □ = 11입니다. 따라서 69는 11번째 수입니다.

정답 : 11번째 수

확인하기 1

어떤 규칙에 따라 6번째 수까지 적었습니다. 10번째 수는 무엇일까요?

1 4 9 16 25 36…

확인하기 2

어떤 규칙에 따라 6번째 수까지 적었습니다. 15번째 수는 무엇일까요?

6 13 20 27 34 41…

1 연습문제

01 어떤 규칙에 따라 9개 중에 7개의 수를 적었습니다. 빈칸에 들어갈 수를 각각 적으세요.

$$4 \quad 5 \quad 7 \quad 10 \quad 14 \quad \square \quad 25 \quad 32 \quad \square$$

02 어떤 규칙에 따라 6개 중에 4개의 분수를 적었습니다. 빈칸에 들어갈 수를 각각 적으세요.

$$\frac{1}{10} \quad \frac{11}{20} \quad \frac{\square}{\square} \quad \frac{71}{80} \quad \frac{151}{160} \quad \frac{\square}{\square}$$

03 어떤 규칙에 따라 8번째 수까지 적었습니다. 12번째 수는 무엇일까요?

$$5 \quad 6 \quad 13 \quad 12 \quad 21 \quad 24 \quad 29 \quad 48 \cdots$$

04 어떤 규칙에 따라 16번째 수까지 적었습니다. 25번째 수는 무엇일까요?

3 4 5 6 5 6 7 8 7 8 9 10 9 10 11 12 …

05 행운의 편지는 영국에서 시작된 편지로 내용을 똑같이 적어서 한 시간 안에 3명의 사람에게 보내야 행운이 찾아옵니다. 만약 무우가 이 편지를 받고 상상, 알알, 제이에 보내고 그 세 사람이 또 다른 세 명에게 각각 보낸다면, 무우가 편지를 받은 후 4 시간 뒤에 이 편지를 받은 사람들은 총 몇 명일까요? (단, 한 사람이 한 장 이상의 편지를 받은 사람은 없습니다.)

06 어떤 규칙에 따라 13번째 수까지 적었습니다. 첫 번째부터 35번째 수까지의 합은 얼마일까요?

1 0 5 3 2 1 0 5 3 2 1 0 5 …

07 어떤 규칙에 따라 15번째 수까지 적었습니다. 24번째 수는 무엇일까요?

2 2 4 2 4 6 2 4 6 8 2 4 6 8 10 …

08 무우는 서로 다른 숫자가 적힌 숫자 카드를 모두 10장 가지고 있습니다. 어떤 규칙에 따라 차례대로 10장의 숫자 카드를 놓았을 때, 마지막에 놓는 숫자 카드에 적힌 숫자는 무엇일까요?

345	356	368	381	395	410	…

09 어떤 규칙에 따라 6번째 분수까지 적었습니다. 10번째 분수는 무엇일까요?

$$\frac{2}{7} \quad \frac{4}{11} \quad \frac{7}{15} \quad \frac{11}{19} \quad \frac{16}{23} \quad \frac{22}{27} \cdots$$

10 사과 꽃 한 송이는 한 달 후 한 개의 사과가 됩니다. 그리고 한 달 후에는 사과 하나당 사과나무에서 꽃 한 송이가 핍니다. 처음에 꽃 한 송이가 핀 후, 열 달 후에는 딸 수 있는 사과가 모두 몇 개일까요? (단, 사과가 썩거나 떨어지는 경우는 생각하지 않습니다.)

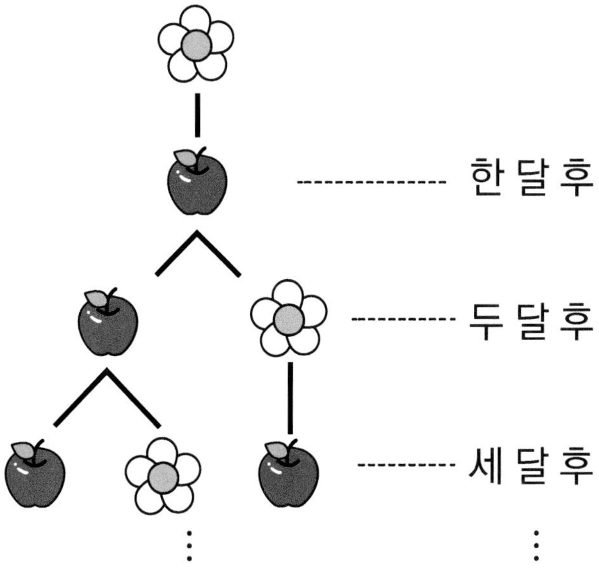

1 심화문제

01 어떤 규칙에 따라 8번째 수까지 적었습니다. 11번째 수는 무엇일까요?

2 3 1 6 10 17 33 60 ⋯

02 어떤 규칙에 따라 5번째 분수까지 적었습니다. 몇 번째에 1인 분자가 처음으로 나오는지 구하세요.

$\frac{328}{531}$ $\frac{203}{328}$ $\frac{125}{203}$ $\frac{78}{125}$ $\frac{47}{78}$ ⋯

정답 및 풀이 P.05

03 일정한 규칙으로 5번째 수까지 적었습니다. 계속 적다 보면 몇 번째에 자연수가 안 나오는지 구하세요.

243 81 162 54 108 …

04 무우는 1부터 50까지 적힌 숫자 카드를 각각 한 장씩 가지고 있습니다. 무우는 이 숫자 카드를 어떤 규칙에 따라 차례대로 6장 놓은 뒤, 같은 규칙에 따라 6장 이후에 숫자 카드를 추가해서 놓았습니다. 무우가 추가해서 놓은 숫자 카드는 모두 몇 장인가요?

11 2 15 8 19 14 …

정답 및 풀이 P.05

05

규칙적으로 7번째까지 순서쌍을 나열했습니다. (96, 32)는 몇 번째에 나오는 순서쌍일까요?

(2, 1), (3, 1), (4, 2), (6, 2), (8, 4), (12, 4), (16, 8) …

01 무우는 어떤 규칙에 따라 차례대로 서로 다른 숫자가 적힌 구슬 목걸이를 가지고 있습니다. 그런데 책상 위에 둔 목걸이의 파란색 물감이 쏟아져서 중간의 구슬들이 보이지 않습니다. 과연 무우의 목걸이에는 총 몇 개의 구슬이 있고 보이지 않는 구슬에는 어떤 숫자가 적혀있는지 모두 구하세요.

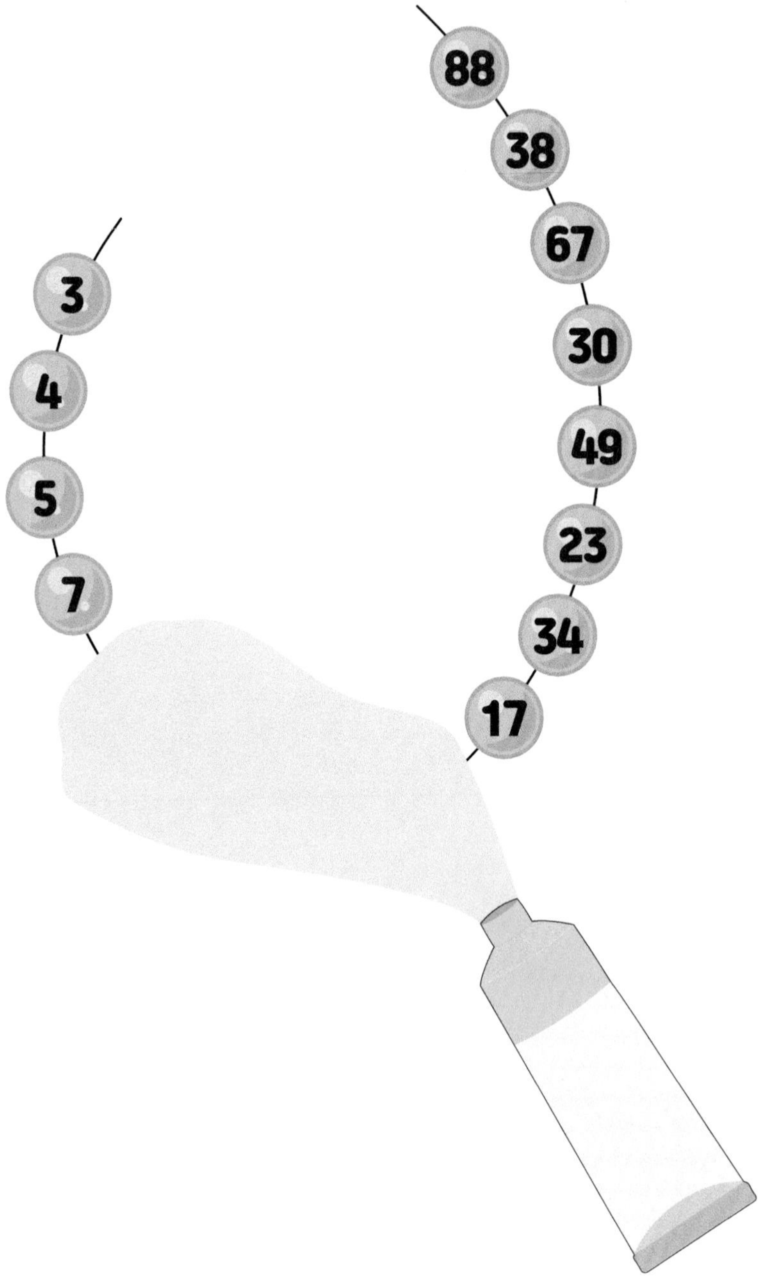

정답 및 풀이 P.06

차칼타야에 도착한 무우와 친구들
여기는 세계에서 가장 높은 리프트 스키장이 있던 곳이래.
어라? 그런데 지금은 산에 눈이 하나도 없는 걸?
지구 온난화로 인해 만년설이 거의 녹아 없어졌거든.
짜잔
스키장은 없지만, 이곳의 풍경은 정말 아름답네!
그러게~
이곳의 산을 보니 파스칼의 삼각형이 떠오르는걸?
파스칼의 삼각형?
오~?

무우는 산의 모양을 보고 아래와 같은 파스칼의 삼각형이 떠올랐습니다. 파스칼의 삼각형의 규칙을 찾고 10행에서 모든 수를 합한 값을 구하세요.

1행 ------ 1

2행 ----- 1 1

3행 ----- 1 2 1

4행 ----- 1 3 3 1

5행 ------ 1 4 6 4 1

6행 ---- 1 5 10 10 5 1

⋮

▲ 파스칼의 삼각형

라파즈에서 첫째 날 모든 문제 끝!
루네나바케로 이동하는 무우와 친구들에게 어떤 일이 일어날까요?

패턴 블록?

패턴 블록(Pattern block)이란, 1960년대 초 미국의 초등과학 연구회가 평면에서 패턴을 탐구하기 위해 개발한 교구입니다.

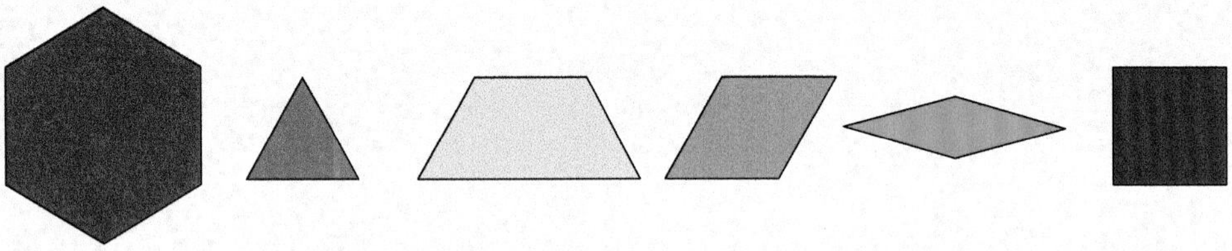

〈패턴 블록〉

패턴 블록에는 위 그림과 같이 차례대로 정육각형, 정삼각형, 사다리꼴, 평행사변형, 마름모꼴, 정사각형이 있습니다. 이 조각들의 특징은 변의 길이가 모두 같다는 것입니다. 단, 사다리꼴의 긴 변은 다른 변의 길이의 2배입니다.

아래와 같이 6개의 조각으로 규칙성을 가지는 도형을 만들었습니다. 마지막에 정육각형을 제외한 나머지 5개의 조각들을 붙여서 그려보세요.

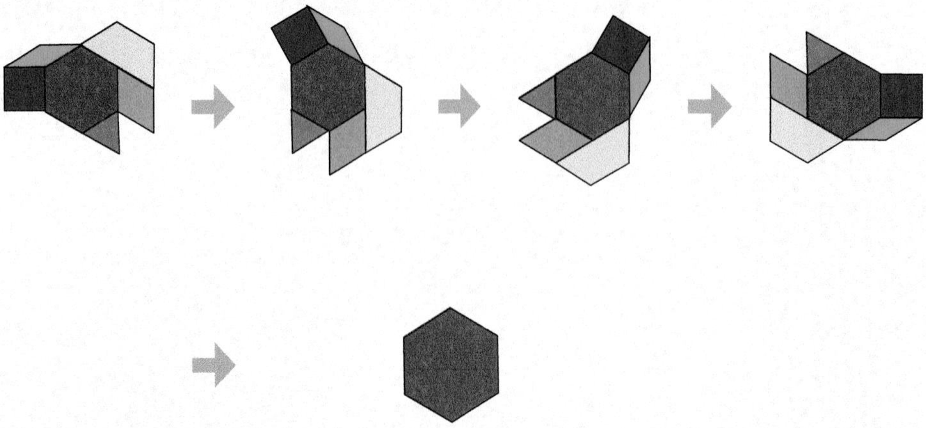

→ 정답 및 풀이 P. 7

2. 도형 패턴

루레나바케에 도착한 무우와 친구들
루레나바케 공항에 도착했어!
지금부터 아마존 투어를 하러 갈거야.
아마존? 공항 주변엔 모래랑 공터 밖에 없는데?
?
여기서 자동차를 타고 조금 더 이동해야 해.
1시간 정도 타고 가면 되니까 조금만 더 힘내자.
우우~
지루해~
나한테 좋은 생각이 있어!
이걸로 놀자!
이 도형들은 어디에 붙여도 변의 길이가 같네!
신기하지? 패턴 블록이라는 거야.
히히

루레나바케
라파즈
볼리비아
Bolivia

볼리비아 둘째 날 DAY2

무우와 친구들은 볼리비아에 도착한 둘째 날, <루레나바케>로 이동했어요. 무우와 친구들은 그곳에서 아마존 투어를 할 예정이에요. <루레나바케>의 아마존 투어에서는 어떤 문제를 만나게 될까요?

2 도형 패턴 단원 살펴보기

궁금해요

비포장 도로를 조금만 더 걸으면 도착이야!
어서 가자~!
지금부터 아마존 투어를 할 거야!
저 앞에 입구가 보여!
우와! 나무에 원숭이들이 있어~!
어? 저 원숭이가 뭘 떨어뜨린 것 같은데?
귀엽다~
쪽지에 도형이 그려져 있는 것 같은데.. 네 번째 줄의 빈칸에는 어떤 도형들이 들어가지?

네 번째 줄의 빈칸에 들어갈 도형을 그려보세요.

●	▲	□	●	▲	□	●	▲	□
▲	■	○	▲	■	○	▲	■	○
■	●	△	■	●	△	■	●	△

1. 반복되는 마디

패턴이란? 도형, 색깔, 수 등 일정한 규칙으로 반복하여 나타내는 것입니다. 패턴에서 반복되는 부분을 "패턴 마디"라고 합니다.

〈그림〉과 같이 빨간색, 파란색, 노란색 원이 반복되는 패턴 마디를 찾을 수 있습니다. 한 마디가 3개의 원이므로 $10 \div 3$ 나눠서 나머지가 1입니다. 따라서 10번째 원의 색은 빨간색 원입니다.

?
패턴 마디
패턴 마디
패턴 마디

〈그림〉

2. 여러 가지 패턴

A. 회전 패턴 : 아래와 같이 모양이 회전하면서 이루는 규칙입니다.

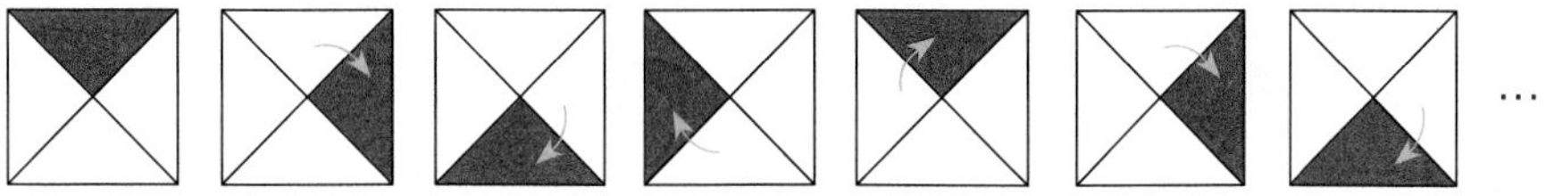

B. 증감 패턴 : 아래와 같이 〈도형의 개수〉, 〈회전 각도〉 등이 일정한 규칙으로 늘어나거나 줄어듭니다.

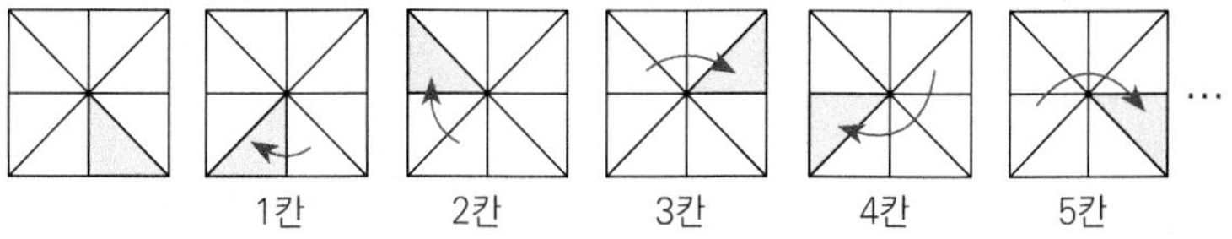

▲ 회전 각도

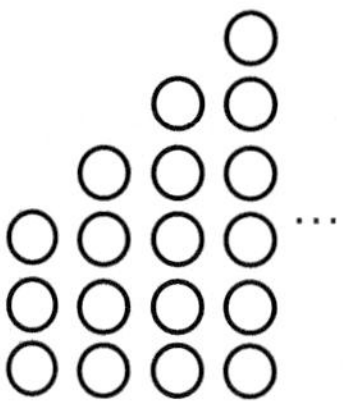

▲ 도형의 개수

C. 대칭 패턴 : 아래와 같이 좌, 우로 대칭을 이루는 패턴이 나타나거나, 상, 하로 대칭을 이루는 패턴이 나타납니다.

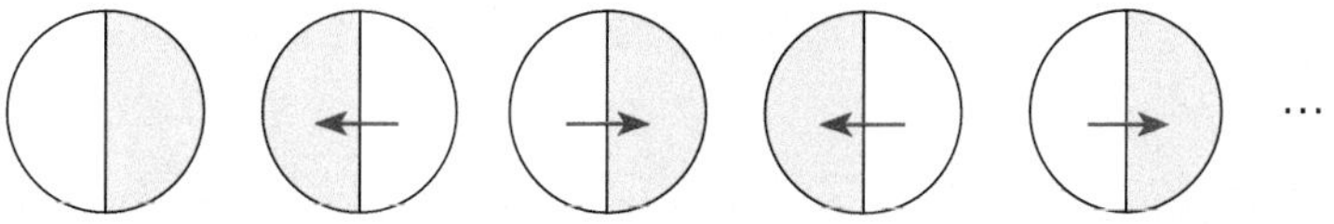

D. 관계 패턴 : 아래와 같이 두 개씩 모양을 짝지어 연관성을 찾아내는 규칙입니다.

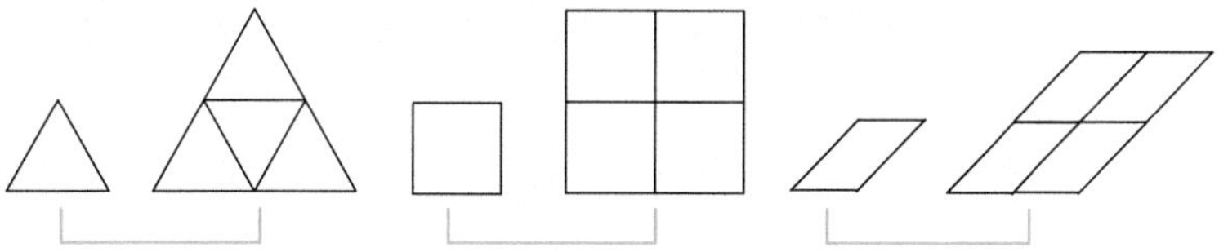

1. 도형의 규칙은 맨 윗줄부터 ○, △, □가 반복되고 그 다음 두 번째 줄에서 △, □, ○가 반복되고 세 번째 줄에 □, ○, △가 반복됩니다. 〈그림〉에서 빨간색 대각선 방향으로 같은 도형이 놓여있습니다.

2. 그 다음 색의 규칙은 맨 왼쪽 줄부터 (검은색, 검은색, 흰색)이 계속 반복됩니다. 마찬가지로 두 번째 줄, 세 번째 줄도 같습니다. 〈그림〉에서 파란색 화살표 방향으로 같은 색이 놓입니다.

규칙대로 네 번째 줄에 들어갈 도형들은 맨 위의 첫 번째 줄과 같습니다. 따라서 무우는 네 번째 줄을 〈완성 그림〉과 같이 채울 수 있습니다.

●	▲	□	●	▲	□	●	▲	□
▲	■	○	▲	■	○	▲	■	○
■	●	△	■	●	△	■	●	△

〈그림〉

●	▲	□	●	▲	□	●	▲	□
▲	■	○	▲	■	○	▲	■	○
■	●	△	■	●	△	■	●	△
●	▲	□	●	▲	□	●	▲	□

〈완성 그림〉

2 대표문제

1. 도형 패턴 찾기

보트 선착장
배들이 많이 모여있네!
지금부터 이 보트 중 하나에 탄 다음 정글로 들어갈 거야~
자! 다들 천천히 내려. 지금부터 아나콘다를 찾아볼 거야.
내가 먼저 찾을 거야!
잠시 후...
얘들아! 이쪽으로 한 번 와봐!
무우가 찾았나봐! 가보자!
이런, 아나콘다인 줄 알았는데, 허물이었네!
어라? 그 허물에 이상한 원들이 있는데? 마지막 3개의 줄무늬에는 어떻게 그려야 하지?

<그림>의 꼬리 부분의 세 칸에 들어갈 작은 원을 그리세요.

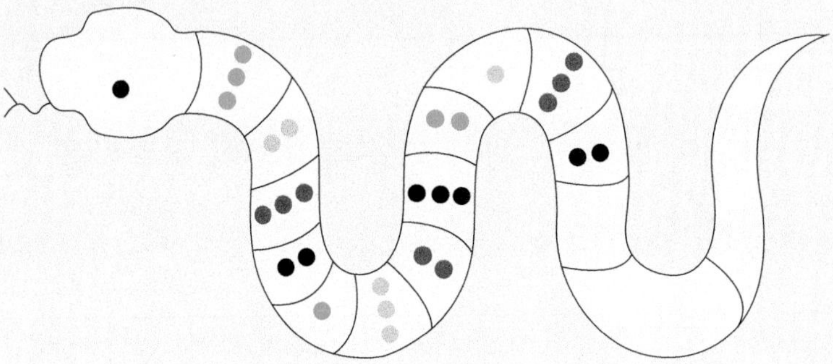

<그림>

Step 1 <그림>에서 반복되는 도형의 개수의 규칙을 적으세요.

Step 2 <그림>에서 반복되는 도형의 색의 규칙을 적으세요.

Step 3 Step 1 과 Step 2 에서 찾은 규칙에 따라 위 <그림>의 꼬리 부분의 세 칸에 들어갈 작은 원을 그리세요.

풀이

Step 1 도형은 모두 같은 원 모양이고 도형의 개수는 각각 1, 3, 2, 3, 2, 1, 3, 2, 3, 2, 1, 3, 2입니다. 반복되는 도형의 개수는 (1, 3, 2, 3, 2) 개입니다.

Step 2 주어진 그림에서 사용된 색은 빨간색, 노란색, 파란색, 검은색으로 모두 4가지입니다. 주어진 그림에서 찾을 수 있는 도형의 색은 검은색, 파란색, 노란색, 빨간색, 검은색, 파란색, 노란색, 빨간색, 검은색입니다. 반복되는 도형의 색은 (검은색, 파란색, 노란색, 빨간색)입니다.

Step 3 색의 규칙에 따라 마지막 세 줄의 들어갈 도형의 색은 파란색, 노란색, 빨간색 순입니다. 또한, 마지막 세 줄의 도형의 개수는 3개, 2개, 1개입니다. 따라서 〈완성 그림〉과 같이 마지막 세 칸에 들어갈 원을 그릴 수 있습니다.

정답 :

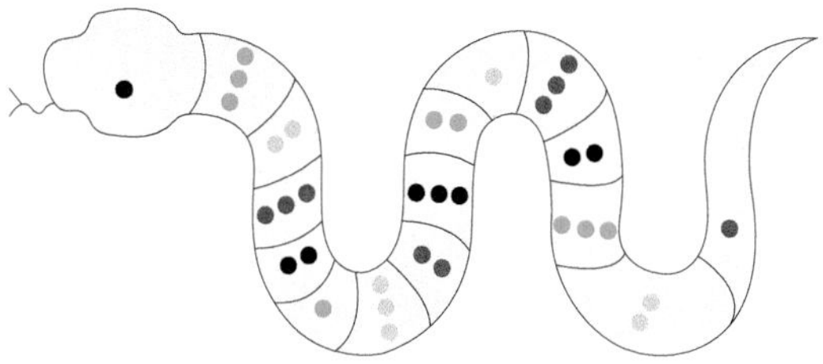

〈완성 그림〉

확인하기 1 어떤 규칙에 따라 12번째 도형까지 그렸습니다. 규칙을 찾아 15번째에 나오는 도형을 그리세요.

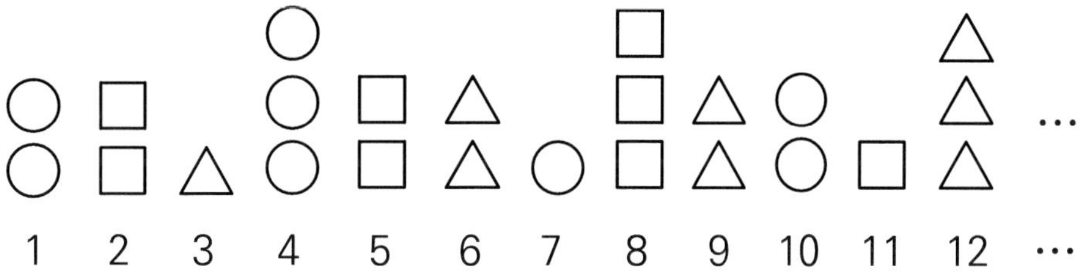

확인하기 2 어떤 규칙에 따라 10번째 도형까지 그렸습니다. 규칙을 찾아 11번째에 나오는 도형을 그리세요.

2. 여러 가지 도형 붙이기

결국 아나콘다를 찾지 못했네….
그래도 허물을 봤잖아!
자, 지금부터 피라냐를 잡을 거야. 낚시대를 받아!
말로만 듣던 이빨 있는 물고기를 피라냐라고 해.
내가 가장 큰 물고기를 잡을 거야!
여기 물고기 좀 봐. 특이한 규칙이 있는데?
5마리의 물고기가 놓여 있네. 6번째 물고기는 어떻게 생겼을까?

<그림>에 6번째 물고기를 그리세요.

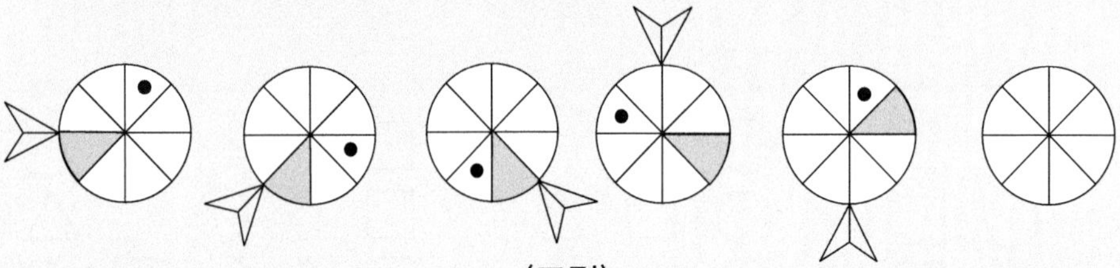

<그림>

Step 1 원 위의 ●이 움직인 규칙을 찾고 마지막 원에 ●을 그리세요.

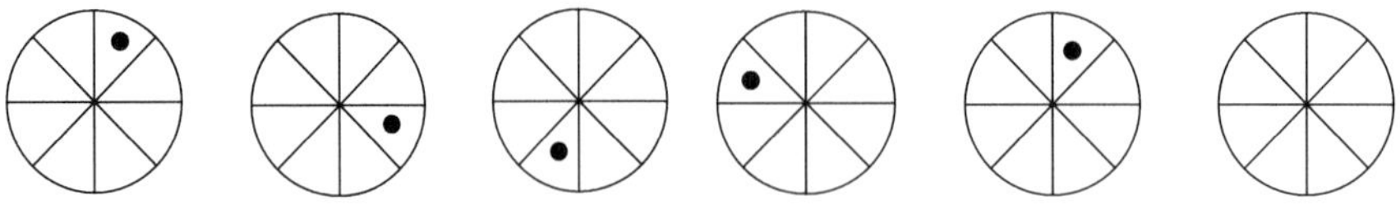

Step 2 색칠된 부분과 꼬리의 규칙을 각각 찾고 마지막 원에 색칠된 부분과 꼬리를 그리세요.

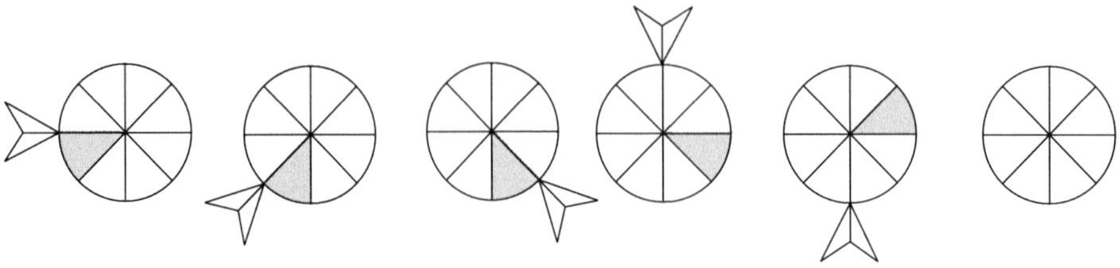

Step 2 위 Step 1 과 Step 2 를 종합하여 <그림>에 6번째 물고기를 그리세요.

풀이

Step 1 〈그림 1〉과 같이 원 위의 ●은 시계 방향으로 2칸씩 움직입니다. 마지막 원에 ●을 그립니다.

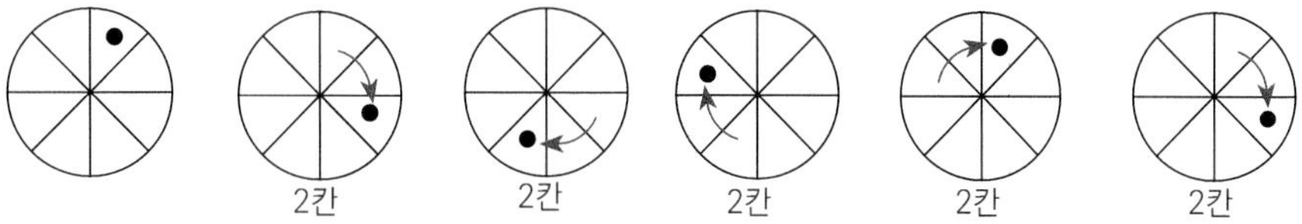

〈그림 1〉

Step 2 〈그림 2〉와 같이 원 위의 색칠된 부분은 반 시계 방향으로 1칸씩 움직입니다. 꼬리는 반 시계 방향으로 1칸, 2칸, 3칸, 4칸씩 움직입니다. 꼬리는 파란색 화살표에 따라 움직이는 칸의 수가 1칸씩 늘어납니다. 6번째 원에 색칠된 부분과 꼬리를 그립니다.

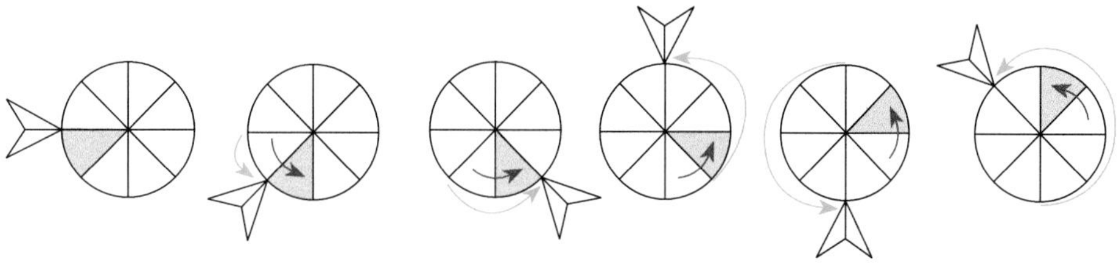
〈그림 2〉

Step 3 따라서 위 Step 1 과 Step 2 에서 그린 그림을 합하면 〈완성 그림〉이 됩니다.

정답 :

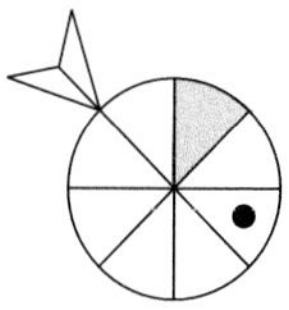
〈완성 그림〉

확인하기

어떤 규칙에 따라 5번째 도형까지 색칠했습니다. 규칙을 찾아 6번째 도형을 알맞게 색칠하세요.

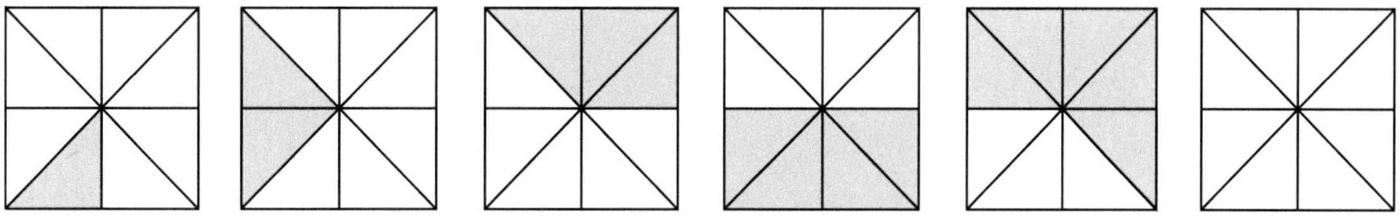

2 연습문제

01 어떤 규칙에 따라 9번째 도형까지 그렸습니다. 규칙을 찾아 13번째에 나오는 도형을 그리세요.

□ △ ◇ ▲ ○ □ △ ◇ ▲ …

1 2 3 4 5 6 7 8 9 …

02 어떤 규칙에 따라 6개 도형 중 5개 도형을 색칠했습니다. 규칙을 찾아 4번째 도형을 알맞게 색칠하세요.

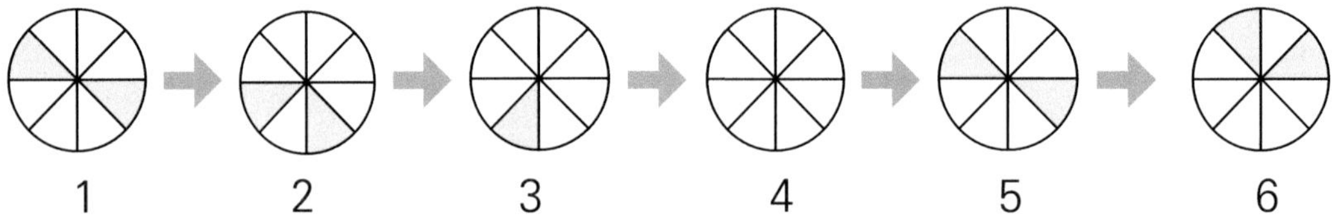

03 어떤 규칙에 따라 3개의 원 안의 도형을 그렸습니다. 규칙을 찾아 4번째 도형을 알맞게 그리세요.

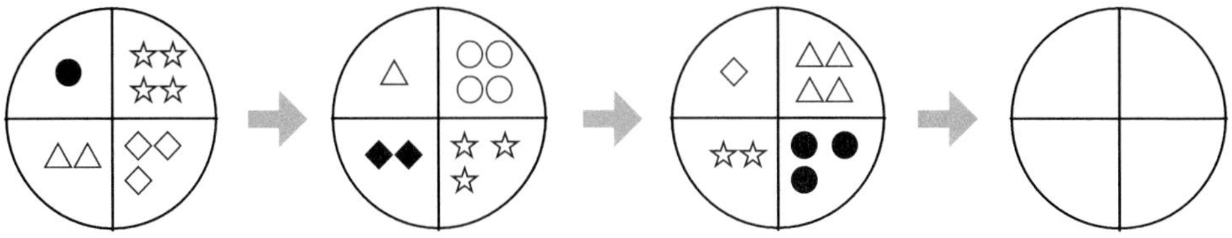

04 무우는 어떤 규칙에 따라 18개의 도형을 연결해 목걸이를 만들려고 합니다. 18개의 도형 중 13개는 이미 연결되어 있을 때, 나머지 5개 도형을 규칙에 맞게 오른쪽 목걸이 빈 곳에 차례대로 그리세요.

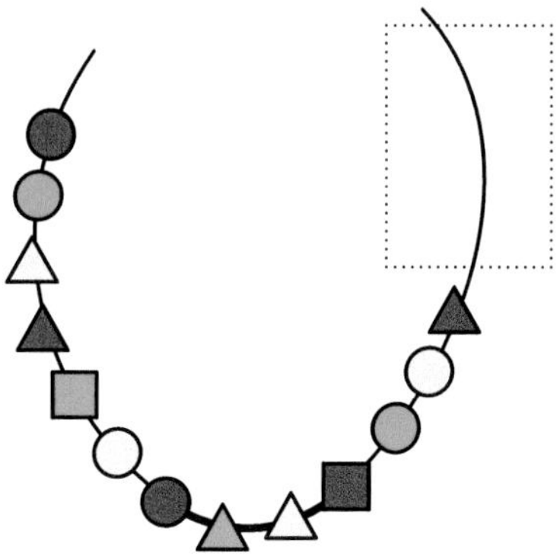

05 어떤 규칙에 따라 4번째 도형까지 색칠했습니다. 규칙을 찾아 5번째 도형을 알맞게 색칠하세요.

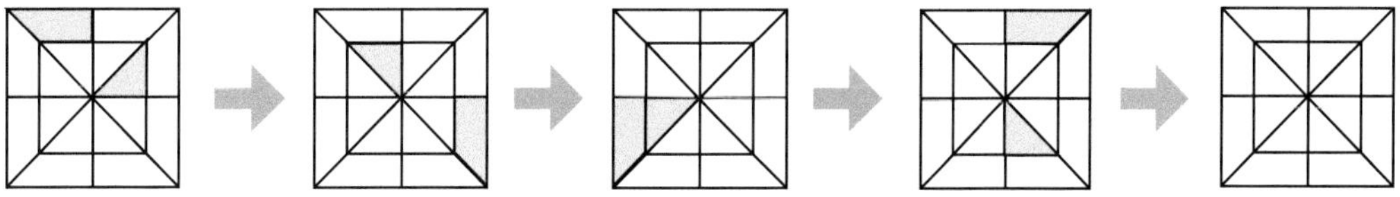

06 어떤 규칙에 따라 5개의 도형을 그렸습니다. 규칙을 찾아 5번째 도형을 빈칸에 그리세요.

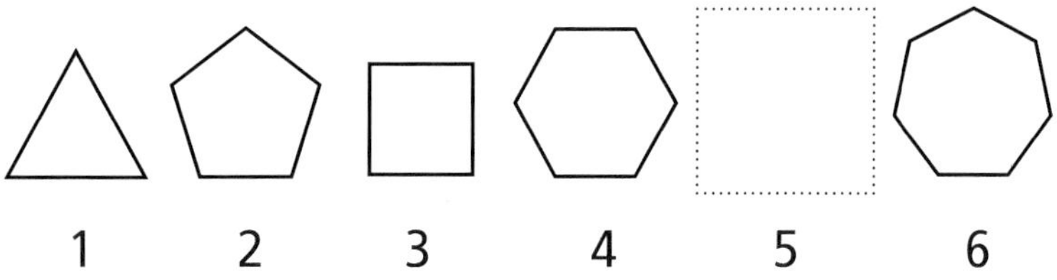

07 어떤 규칙에 따라 5번째 도형까지 색칠했습니다. 규칙을 찾아 6번째 도형을 알맞게 색칠하세요.

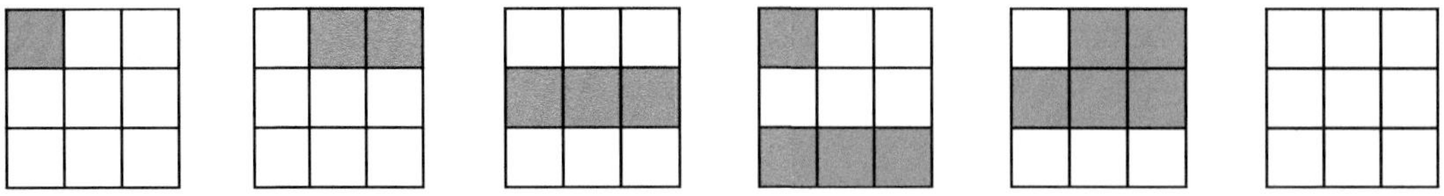

08 어떤 규칙에 따라 5번째 도형까지 색칠했습니다. 규칙을 찾아 6번째 도형을 알맞게 색칠하세요.

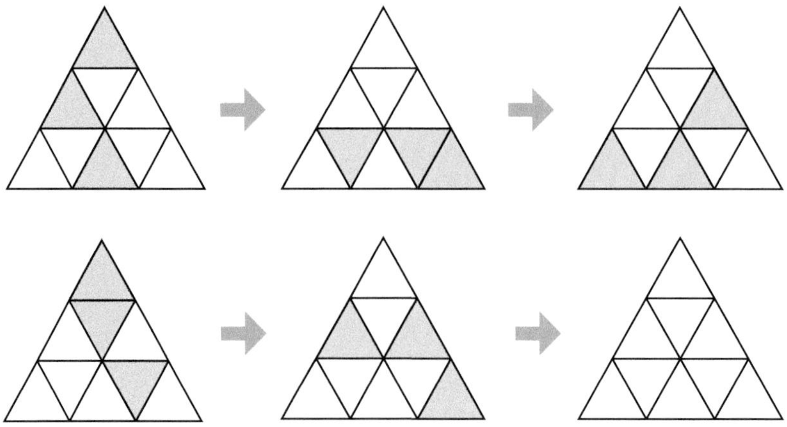

09 어떤 규칙에 따라 도형을 색칠했습니다. 규칙에 맞게 6번째 도형을 색칠하세요.

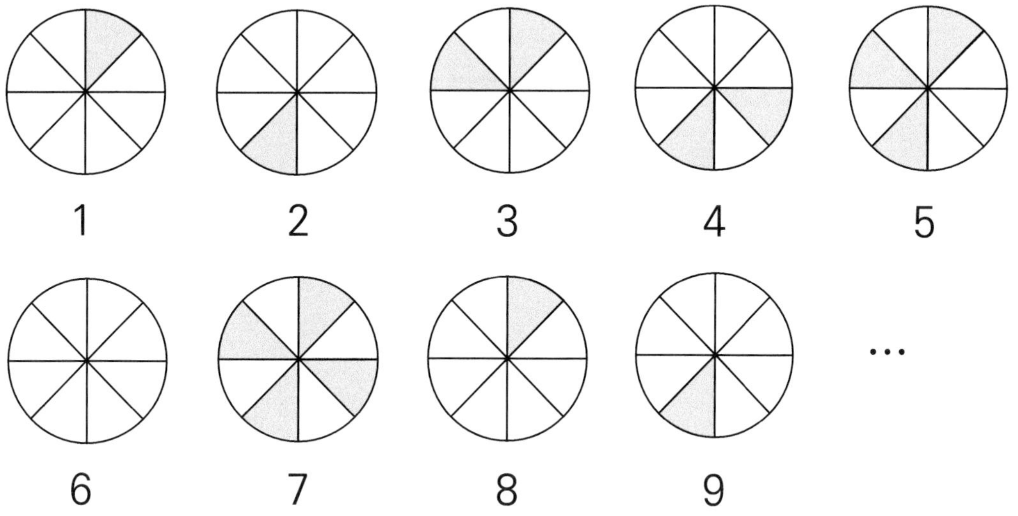

10 무우는 흰 돌과 검은 돌을 어떤 규칙에 따라 12번째까지 놓았습니다. 무우는 아직 흰 돌 10개와 검은 돌 10개를 가지고 있습니다. 정해진 규칙에 따라 돌을 놓을 때, 마지막에 어떤 색 돌이 몇 개가 남을까요?

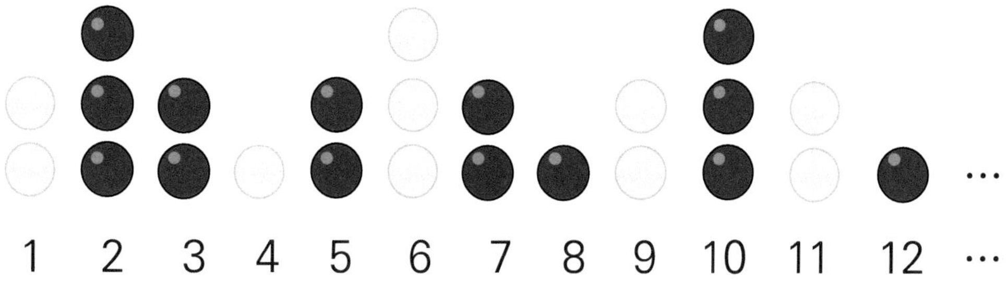

01 어떤 규칙에 따라 16개의 칸 중 6개의 칸에 도형을 그렸습니다. 규칙을 찾아 나머지 빈칸에 들어가는 도형을 그려 넣으세요.

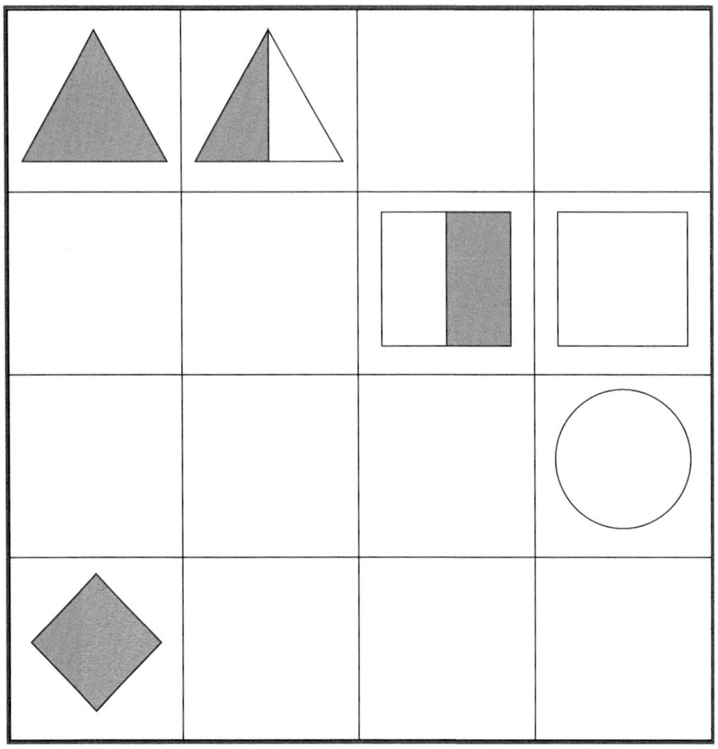

정답 및 풀이 P.10

02 어떤 규칙에 따라 5번째 도형까지 색칠했습니다. 규칙에 맞게 6번째 도형을 알맞게 색칠하세요.

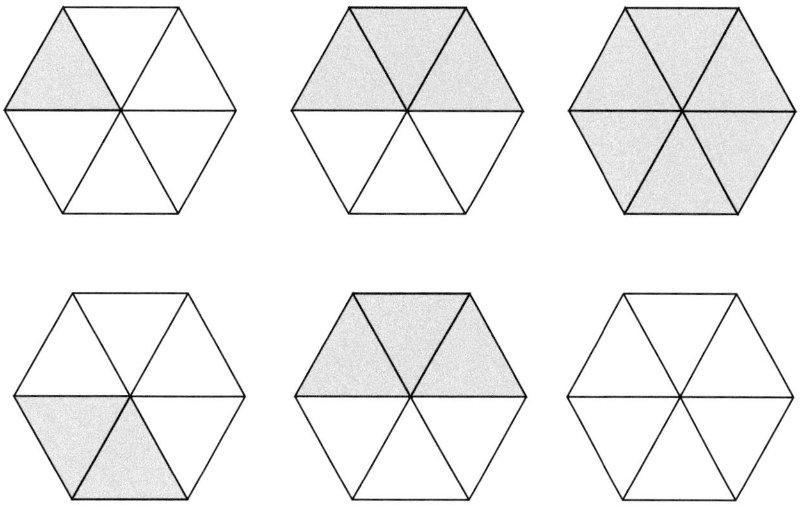

03 어떤 규칙에 따라 5번째 원까지 수를 적었습니다. 규칙을 찾아 5번째 원에 알맞은 수를 써넣으세요.

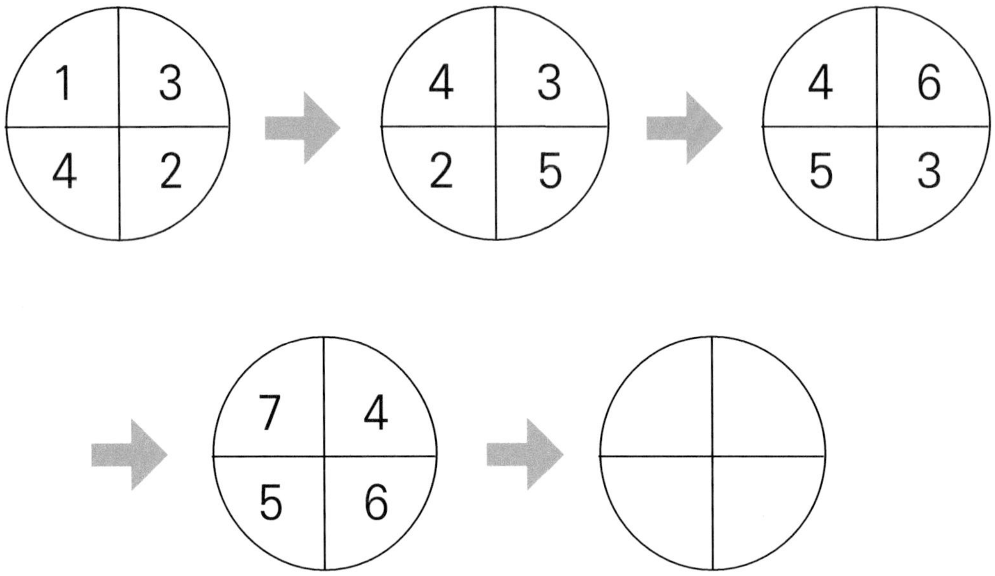

04 무우는 다양한 숫자 카드를 어떤 규칙에 따라 13번째까지 놓았습니다. 이어서 무우가 120개의 숫자 카드를 더 놓을 때, 133번째에 놓는 숫자 카드는 무엇일까요?

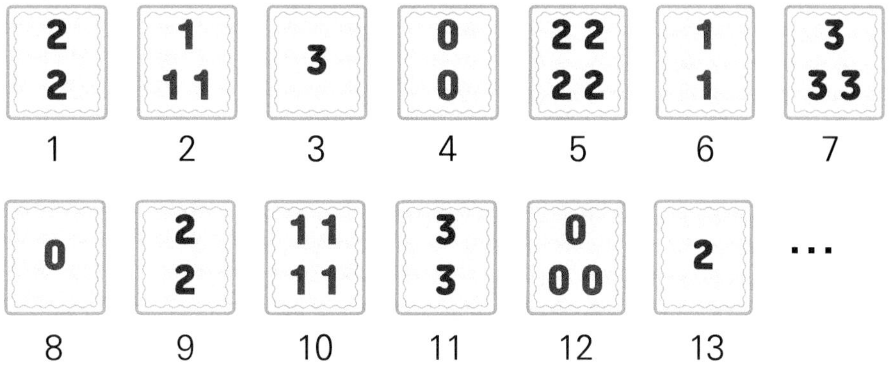

2 창의적문제해결수학

01 상상이는 피아노 학원에서 악보 만들기를 했습니다. <보기>는 상상이의 악보입니다. 상상이는 어떤 규칙에 따라 4번째 마디까지 악보를 그렸습니다. 악보의 패턴을 찾아 <5번째와 6번째 마디>에 알맞은 음표와 쉼표를 그리세요.

보기

▲ 상상이의 악보

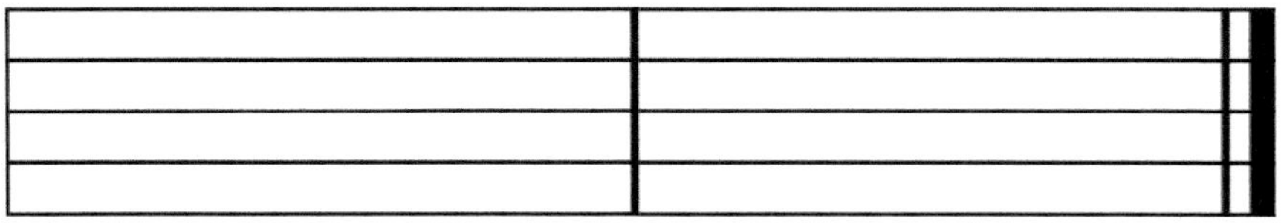
<5번째와 6번째 마디>

정답 및 풀이 P.12

02
창의융합문제

앗. 저 앞에서 보도블록
공사를 하나 봐.
조심해야지!
보도블록을 채우는
규칙이 있는 것 같아.
정말? 어떤 규칙
이 있는 거지?

〈보기〉와 같이 보도블록을 어떤 규칙에 따라 배치했을 때, 빈칸에 주어진 〈조각〉을 알맞게 놓아 완성하세요.

보기

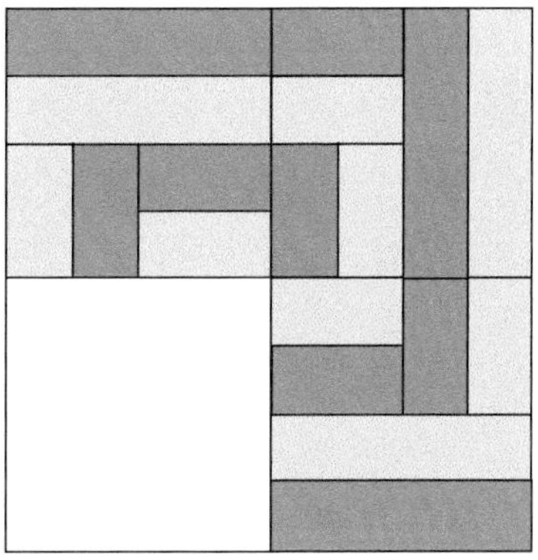

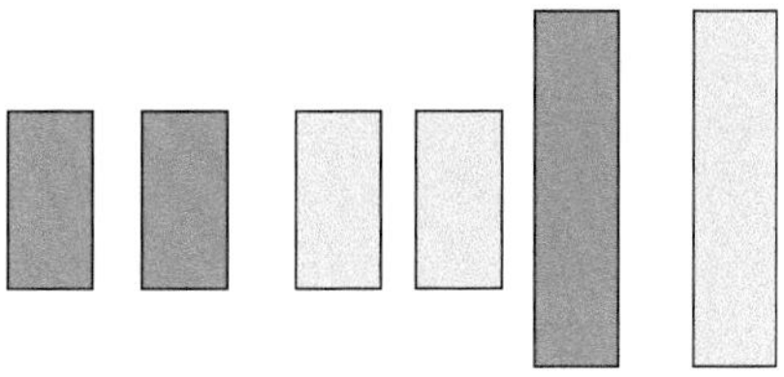

〈조각〉

브라질에서 둘째 날 모든 문제 끝!

포스 두 이과수로 이동하는 무우와 친구들에게 어떤 일이 일어날까요?

생활 속 수 배열

영화관의 좌석표는 일종의 수 배열표입니다.

<그림 1>에서 앞줄부터 영어로 A, B, C, … 순서대로 적혀있고, 왼쪽부터 숫자가 1, 2, 3, … 순서대로 적혀있는 규칙이 있습니다.

이 규칙에 따라 각 자리를 모두 나타낼 수 있습니다. 노란색 칸은 B행에서 숫자 4가 적혀있는 곳입니다. 이를 (B행, 4열)이라고 말합니다. 마찬가지로 초록색 칸은 (E행, 6열)입니다.

또한, 우리가 일상생활에서 많이 보는 달력에도 수 배열을 찾을 수 있습니다.

달력 속에는 같은 요일이 7일마다 반복되고 수가 오른쪽으로 갈수록 1씩 커지는 규칙이 있습니다. <그림 2>에서 노란색 칸의 숫자 2, 10, 18, 26은 8씩 커집니다. 초록색 칸의 숫자 5, 11, 17, 23, 29는 6씩 커집니다.

앞

A행	1	2	3	4	5	6	7	8
B행	1	2	3	4	5	6	7	8
C행	1	2	3	4	5	6	7	8
D행	1	2	3	4	5	6	7	8
E행	1	2	3	4	5	6	7	8

뒤

〈그림 1〉

일	월	화	수	목	금	토
1	2	3	4	5	6	7
8	9	10	11	12	13	14
15	16	17	18	19	20	21
22	23	24	25	26	27	28
29	30					

〈그림 2〉

3. 수 배열표

포토시에 도착한 무우와 친구들
포토시에 도착 했어! 포토시는 해발 4060m위에 있대.
오~!
라파즈보다 높네!
어디를 봐도 저 산이 보이는걸?
저 산의 이름은 세로리코 산이야.
산 속에는 은 광산이 넓게 자리해 있대.
그래서 은의 도시라고 불리는 거구나?
맞아! 그럼 이제 출발해 볼까?
고산병을 조심해야 겠어~
히히

루레나바케
라파즈
포토시
볼리비아
Bolivia

볼리비아 셋째 날 DAY3

무우와 친구들은 볼리비아에 도착한 셋째 날, <포토시>에 도착했어요. 무우와 친구들은 그곳에 있는 <볼리비아 국립 조폐국>, <코비하 아치>, <포토시 광산>을 여행할 예정이에요. 먼저, 무우와 친구들이 <볼리비아 국립 조폐국>에서 발견하는 수학 문제들을 친구들과 함께 풀어볼까요?

3 수 배열표 단원 살펴보기

궁금해요

볼리비아 국립 조폐국
여기는 예전에 *조폐국으로 사용한 건물이래.
우와~!
건물 입구가 아름다워!
*조폐국 : 동전을 만드는 정부 기관
앗! 전시실에 덧셈표와 곱셈표가 붙어 있어.
표에서 각각 찾을 수 있는 규칙은 무엇일까?
음~?

아래의 덧셈표와 곱셈표를 완성하고 두 표에서 찾을 수 있는 규칙성을 각각 3 가지 이상 적으세요.

+	2	4	6	8
2				
4				
6				
8				

〈덧셈표〉

×	2	4	6	8
2				
4				
6				
8				

〈곱셈표〉

1. 행과 열

수 배열표란? 가로, 세로, 대각선 방향으로 일정한 규칙에 따라 숫자들이 배열된 표입니다.

〈수 배열표 1〉에서 가로줄은 "행"이고 세로줄은 "열"이라고 합니다.

표에서 숫자 3은 1행 1열이므로
(1행, 1열) = (1, 1) = 3으로 적을 수 있습니다.

숫자 10은 3행 2열이므로 (3, 2) = 10으로 적을 수 있습니다.

	1열	2열	3열	4열	5열
1행	3	6	9	12	15
2행	5	8	11	14	17
3행	7	10	13	16	19
4행	9	12	15	18	21
5행	11	14	17	20	23

〈수 배열표 1〉

1. 행과 열이 해당하는 수 찾기

〈수 배열표 1〉에서 7행 7열에 해당하는 숫자를 찾기 위해 가로, 세로, 대각선의 규칙을 이용합니다.

가로줄의 규칙을 찾으면 3, 6, 9, 12 …으로 3씩 늘어납니다.

세로줄의 규칙을 찾으면 3, 5, 7, 9, 11로 2씩 늘어납니다.

대각선의 규칙을 찾으면 3, 8, 13, 18로 5씩 늘어납니다.

5행 5열이 23이므로 대각선 규칙에 따라 6행 6열은 28이고 7행 7열은 33입니다.

2. <6열 수 배열표 2>에서 수의 위치 찾기

가로줄인 "행"에서 왼쪽에서 오른쪽으로 한 칸씩 갈 때, 1씩 커집니다.

세로줄인 "열"에서 위부터 아래로 한 칸씩 갈 때, 6씩 커집니다.

노란색 대각선은 7씩 커지고 파란색 대각선은 5씩 커집니다.

	1열	2열	3열	4열	5열	6열
1행	1	2	3	4	5	6
2행	7	8	9	10	11	12
3행	13	14	15	16	17	18
⋮	⋮	⋮	⋮	⋮	⋮	⋮

〈6열 수 배열표 2〉

	1열	2열	3열	4열	5열	6열
1행	1					
2행	7	8				
3행	13		15			
4행	19			22		
5행	25	26	27	28	29	

〈표〉

예시문제 <6열 수 배열표 2>에서 29는 몇 행 몇 열에 있을까요?

풀이 열의 규칙에 따라 〈표〉와 같이 1열 5행까지 적은 후 행의 규칙에 따라 5행 5열까지 적으면 29를 찾을 수 있습니다. 대각선의 규칙에 따라 5행 5열은 29입니다.

이 방법 외에도 수 배열표에 나오는 열의 개수가 일정하므로
29 ÷ (열의 개수)를 하여 찾을 수 있습니다.
29 ÷ 6 = 4 ⋯ 5이므로 4개의 행 이후 5번째 행에서 5번째 숫자가 29가 됩니다.
29는 5행 5열입니다.

이렇게 (주어진 수) ÷ (행 또는 열의 개수) = (몫) ⋯ (나머지)를 통해
(주어진 수)의 위치를 찾을 수 있습니다.

정답

〈덧셈표〉와 〈곱셈표〉의 빈칸을 채울 수 있습니다.

〈덧셈표〉의 규칙성

1. 가로줄과 세로줄의 수들은 모두 2씩 커집니다.

2. 노란색 대각선의 수들은 모두 같습니다.

3. 초록색 대각선의 수들은 4씩 커집니다

〈곱셈표〉의 규칙성

1. 첫 번째 가로줄과 세로줄의 수들은 4씩 커지고 두 번째 가로줄과 세로줄의 수들은 8씩 커집니다.

2. 노란색 대각선의 수들은 서로 대칭되어 적혀있습니다.

3. 초록색 대각선의 수들은 12, 20, 28씩 커집니다.

이 외에도 두 표의 공통적인 규칙성은 초록색 대각선을 기준으로 양쪽의 수가 모두 대칭이고, 짝수끼리 서로 더하고 곱했으므로 계산 결과가 모두 짝수입니다.

+	2	4	6	8
2	4	6	8	10
4	6	8	10	12
6	8	10	12	14
8	10	12	14	16

〈덧셈표〉

×	2	4	6	8
2	4	8	12	16
4	8	16	24	32
6	12	24	36	48
8	16	32	48	64

〈곱셈표〉

3 대표문제

1. 수 배열하기

코비하 아치 건축물
건축물을 구경하고 광산으로 이동할 거야.
와~
건물이 예뻐~
어? 저기에 여러 가지 천을 파는 노점이 있네?
정말? 구경하러 가보자!
이 천 조각은 수 배열표가 적힌 큰 천의 일부란다.
조각에 숫자가 적혀있네?
조각 ⓐ부터 ⓓ까지. 들어가는 수를 구할 수 있을 것 같아.
수 배열표를 참고하면 되겠지?

<수 배열표>의 규칙을 찾은 다음, <조각>의 ⓐ부터 ⓓ까지 들어가는 수를 각각 구해보세요.

1	3	5	7	9	11
13	15	17	19	21	23
25	27	29	31	33	35
⋮	⋮	⋮	⋮	⋮	⋮
85	87	89	91	93	95

<수 배열표>

ⓐ	55	
	ⓑ	
ⓒ		ⓓ

<조각>

Step 1 수 배열표에서 가로, 세로, 두 대각선 방향으로 한 칸씩 이동할 때, 얼마씩 커지는지 각각 구하세요.

Step 2 55에서 가로와 세로 방향으로 한 칸씩 이동한 ⓐ와 ⓑ를 각각 구하세요.

Step 3 ⓑ에서 두 방향 대각선으로 한 칸씩 이동한 ⓒ와 ⓓ를 각각 구하세요.

풀이

Step 1 〈그림〉과 같이 화살표 ㉠ 방향인 가로로 2씩 커지고 화살표 ㉡ 방향인 세로로 12씩 커집니다.

대각선은 〈그림〉과 같이 화살표 ㉢, ㉣방향 두 가지가 있습니다.

화살표 ㉢ 방향으로 14씩 커지고 화살표 ㉣ 방향으로 10씩 커집니다.

가로 방향은 2씩 커지고 세로 방향은 12씩 커지고 두 방향 대각선은 각각 14와 10씩 커집니다.

1	3	5	7	9	11
13	15	17	19	21	23
25	27	29	31	33	35
⋮	⋮	⋮	⋮	⋮	⋮
85	87	89	91	93	95

〈그림〉

Step 2 ⓐ에서 55로 가로 방향으로 한 칸 이동했습니다. ⓐ = 55 − 2 = 53입니다.

ⓑ 는 55에서 세로 방향으로 한 칸 이동했습니다. ⓑ = 55 + 12 = 67입니다.

ⓐ = 53, ⓑ = 67입니다.

Step 3 ⓑ에서 대각선 방향으로 각각 한 칸씩 이동한 것이 ⓒ와 ⓓ입니다. ⓒ는 ㉣ 방향으로 ⓑ에서 한 칸 이동했습니다.

ⓒ = ⓑ + 10 = 67 + 10 = 77입니다.

ⓓ는 ㉢ 방향으로 ⓑ에서 한 칸 이동했습니다.

ⓓ = ⓑ + 14 = 67 + 14 = 81입니다.

ⓒ = 77, ⓓ = 81입니다.

정답 : ⓐ = 53, ⓑ = 67, ⓒ = 77, ⓓ = 81

확인하기

〈조각〉은 왼쪽 수 배열표의 일부입니다. 수 배열표의 규칙을 찾아 빈칸 ⓐ, ⓑ, ⓒ에 알맞은 수를 각각 구하세요.

1	2	3	4	5	6
7	8	9	10	11	12
13	14	15	16	17	18
⋮	⋮	⋮	⋮	⋮	⋮
85	86	87	88	89	90

	45	ⓐ
	ⓑ	
ⓒ		

〈조각〉

2. 위치 찾기

광산 앞에 매점이 있네?
광부들에게 드릴 음료를 사서 가자!
세로리코 은 광산
여기가 광산 입구야!
어서 들어가 보자!
안녕하세요! 이거 드시고 힘내세요!
정말 고맙구나!
보답으로 이 문제를 한 번 풀어볼래? 맞추면 광산을 안내해 주마!
좋아요! 한 번 풀어볼게요~
와~

<수 배열표>의 규칙을 찾아 48이 몇 행 몇 열인지 찾아보세요.

	1열	2열	3열	4열	5열	6열	…
1행	5	6	15	16	25	26	…
2행	4	7	14	17	24	27	…
3행	3	8	13	18	23	28	…
4행	2	9	12	19	22	29	…
5행	1	10	11	20	21	30	…

〈수 배열표〉

Step 1 홀수 번째 열과 짝수 번째 열의 수의 규칙을 각각 찾아 적으세요.

Step 2 5행의 수들은 어떤 규칙이 있는지 적어보고 5행 10열은 어떤 수인지 구하세요.

Step 3 위 Step 1 과 Step 2 의 규칙을 통해 48은 몇 행 몇 열인지 구하세요.

풀이

Step 1 홀수 번째 열인 1열은 5, 4, 3, 2, 1로 1씩 작아집니다. 3열도 마찬가지로 1씩 작아집니다. 반대로 짝수 번째 열인 2열은 6, 7, 8, 9, 10으로 1씩 커집니다. 4열도 마찬가지로 1씩 커집니다. 홀수 번째 열은 아래로 한 칸씩 이동할 때마다 1씩 작아지고 짝수 번째 열은 아래로 한 칸씩 이동할 때마다 1씩 커집니다.

Step 2 5행의 수들은 1, 10, 11, 20, 21, 30,…으로 홀수 번째 열의 수들은 10씩 커지고 짝수 번째 열의 수들도 10씩 커집니다. 5행 10열은 짝수 번째 열이므로 10 × 5 = 50입니다.

Step 3 짝수 번째 열에서 아래로 한 칸씩 이동할 때마다 1씩 커지므로 50인 5행 10열에서 행을 위로 2칸 옮기면 48이 됩니다. 48은 3행 10열입니다.

다른 방법으로 수 배열표에 나오는 행의 개수가 일정하므로 48 ÷ (행의 개수)를 하면 됩니다. 48 ÷ 5 = 9 … 3이므로 9개의 열이 나온 다음 10번째 열에서 3번째 숫자가 48이 됩니다.

정답 : 48 = 3행 10열

확인하기 1 수 배열표를 보고 규칙을 찾아 4행 8열의 수를 찾으세요.

	1열	2열	3열	4열	5열	…
1행	1	12	13	24	25	…
2행	2	11	14	23	26	…
3행	3	10	15	22	27	…
4행	4	9	16	21	28	…
5행	5	8	17	20	29	…
6행	6	7	18	19	30	…

확인하기 2 수 배열표를 보고 규칙을 찾아 50은 몇 행 몇 열의 수인지 찾으세요.

	1열	2열	3열	4열	5열	6열	7열
1행	7	6	5	4	3	2	1
2행	8	9	10	11	12	13	14
3행	21	20	19	18	17	16	15
⋮	⋮	⋮	⋮	⋮	⋮	⋮	⋮

3 연습문제

01 1부터 16까지 수를 한 번씩 적어 어떤 규칙에 따라 수 배열표를 만들려고 합니다. 규칙에 맞게 빈칸에 나머지 수를 써넣으세요.

6	1	2	
	4	3	12

02 아래와 같이 표 안에 수를 규칙적으로 나열했을 때, 99는 어떤 알파벳과 같은 줄에 있을까요?

A	B	C	D	E	F
3	6	9	12	15	
	30	27	24	21	18
33	36	39	42	45	
	60	57	54	51	48
⋮	⋮	⋮	⋮	⋮	⋮

03 달력의 일부분이 물에 젖었습니다. A에 해당하는 날짜는 무엇일까요?

정답 및 풀이 P.13

04 수 배열표의 규칙에 따라 수를 적을 때, A, B, C에 들어갈 알맞은 수를 각각 적으세요.

1	3		19	C
7	5			
	11			
	29			
A				B

05 무우는 1일부터 순서대로 요일을 말했습니다. 무우가 60번째로 말한 요일은 몇 주차에 무슨 요일인지 구하세요.

	월	화	수	목	금	토	일
1주차 ------	1	2	3	4	5	6	7
2주차 ------	14	13	12	11	10	9	8
3주차 ------	15	16	17	18	19	20	21
4주차 ------	28	27	26	25	24	23	22
	⋮	⋮	⋮	⋮	⋮	⋮	⋮

06 5행 수 배열표를 보고 규칙을 찾아 24는 몇 행 몇 열의 수인지 찾으세요.

	1열	2열	3열	4열	5열	···
1행	1		6		11	···
2행		5		10		···
3행	2		7		12	···
4행		4		9		···
5행	3		8		13	···

07 6열 수 배열표를 보고 규칙을 찾아 82는 몇 행 몇 열의 수인지 찾으세요.

	1열	2열	3열	4열	5열	6열
1행	2	4	6	8	10	12
2행	24	22	20	18	16	14
3행	26	28	30	32	34	36
⋮	⋮	⋮	⋮	⋮	⋮	⋮

08 어떤 규칙에 따라 수 배열표를 만들었습니다. 규칙을 찾아 표의 빈칸에 알맞은 수를 써넣으세요.

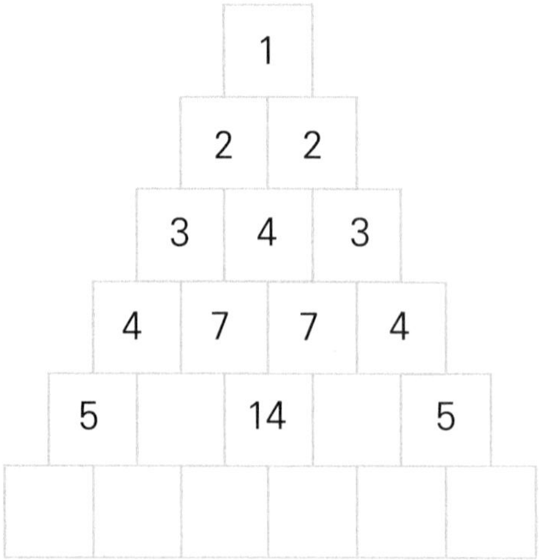

09

〈조각〉은 왼쪽 곱셈표의 일부입니다. 곱셈표의 규칙을 찾아 〈조각〉의 ⓐ, ⓑ, ⓒ, ⓓ에 알맞은 수를 각각 구하세요.

×	1	3	5	7	9	…
1	1	3	5	7	9	…
3	3	9	15	21	27	…
5	5	15	25	35	45	…
7	7	21	35	49	63	…
9	9	27	45	63	81	…
⋮	⋮	⋮	⋮	⋮	⋮	

〈곱셈표〉

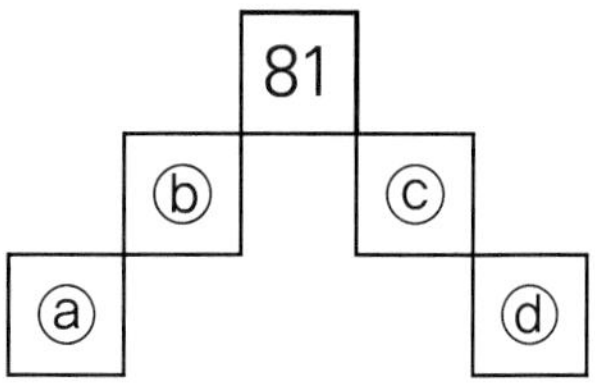

〈조각〉

10

2행 4열의 수인 11을 (2, 4)로 표현합니다. (7, 8)은 어떤 수인지 구하세요.

	1열	2열	3열	4열	5열	…
1행	1	2	9	10	25	…
2행	4	3	8	11	24	…
3행	5	6	7	12	23	…
4행	16	15	14	13	22	…
5행	17	18	19	20	21	…
⋮	⋮	⋮	⋮	⋮	⋮	

01 수 배열표를 보고 규칙을 찾아 9행 8열의 수를 찾으세요.

	1열	2열	3열	4열	5열	…
1행	1	2	4	7	11	…
2행	3	5	8	12	17	…
3행	6	9	13	18	24	…
4행	10	14	19	25	32	…
5행	15	20	26	33	41	…
⋮	⋮	⋮	⋮	⋮	⋮	⋱

정답 및 풀이 P.17

02 삼각형 안에 일정한 규칙에 따라 수를 적었습니다. 규칙을 찾아 8번째 줄에서 맨 처음에 나오는 수가 무엇인지 구하세요.

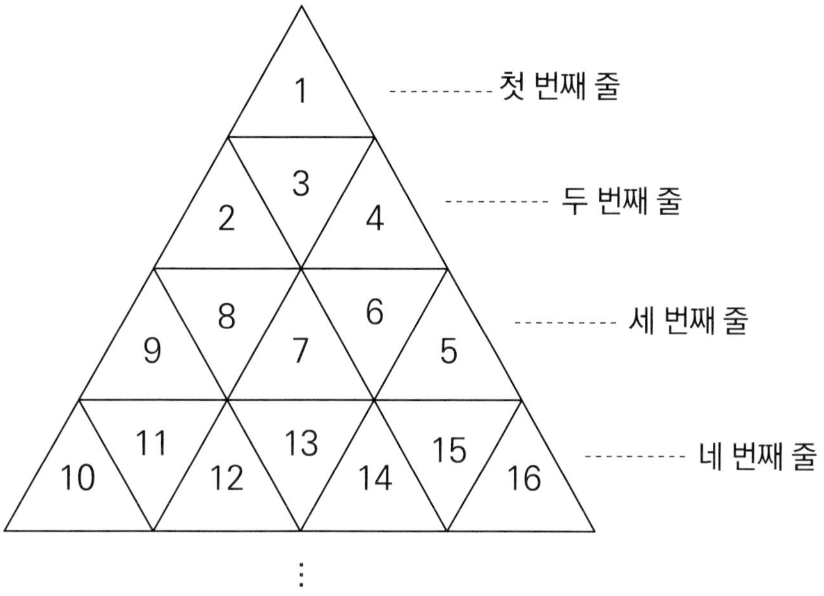

03 어떤 규칙에 따라 수 배열표를 만들었습니다. 수 배열표의 일부를 붉은색 정사각형 모양으로 색칠했을 때, 정사각형 안의 9개 수를 모두 합한 값이 405가 되었습니다. 9개의 수 중에 가장 큰 수를 구하세요.

1	2	3	4	5	6	7	8
9	10	11	12	13	14	15	16
17	18	19	20	21	22	23	24
25	26	27	28	29	30	31	32
⋮	⋮	⋮	⋮	⋮	⋮	⋮	⋮
⋮	⋮	⋮	⋮	⋮	⋮	⋮	⋮
⋮	⋮	⋮				⋮	⋮
⋮	⋮	⋮				⋮	⋮
⋮	⋮	⋮				⋮	⋮
⋮	⋮	⋮	⋮	⋮	⋮	⋮	⋮

정답 및 풀이 P.18

04 2행 4열의 수인 6을 (2, 4)로 표현할 때, (10, 6)은 어떤 수인지 구하세요.

	1열	2열	3열	4열	5열	6열	7열	…
1행	1		2		5		10	
2행		3		6		11		⋱
3행	4		7		12		⋱	
4행		8		13		⋱		
5행	9		14		⋱			
6행		15		⋱				
7행	16		⋱					
⋮		⋱						

01 수 배열표에 1부터 55까지 수 중에서 <조건>에 맞는 수를 한 번씩 적으려고 합니다. <조건>에 맞게 수 배열표를 완성하세요.

	1열	2열	3열	4열	5열
1행					
2행					
3행					
4행					
5행					
6행					

조건

① 1행 1열의 수는 55입니다.
② 홀수 번째 열은 아래로 내려갈수록 수가 2씩 작아지고 짝수 번째 열은 아래로 내려갈수록 수가 2씩 커집니다.
③ 6행 1열의 수와 6행 2열을 더한 값은 89입니다.
④ 6행 5열의 수는 가장 작은 수입니다.
⑤ 1행 2열의 수와 1행 4열의 수를 더한 값은 46입니다.

꺅!!! 침대 위에
뱀이 똬리를 틀고
앉아 있어!!!
으아아
어서 숙소 직원분
을 부르자! 사진도
한 장 찍어야지.
찰칵
찰칵
우리 숙소에서
잠을 잘 수
있겠지…?
아까 무우가 찍은
뱀 사진을 보니, 뱀의
몸에 수가 적혀있는
것 같은데?
한 번 간단
하게 그려볼까?
음~?

상상이는 숙소에서 본 뱀의 몸에 적힌 수를 간단한 그림으로 그렸습니다. 아래와 같이 그림의 수들이 어떤 규칙에 따라 적혀있을 때, A, B, C, D에 알맞은 수를 각각 찾으세요.

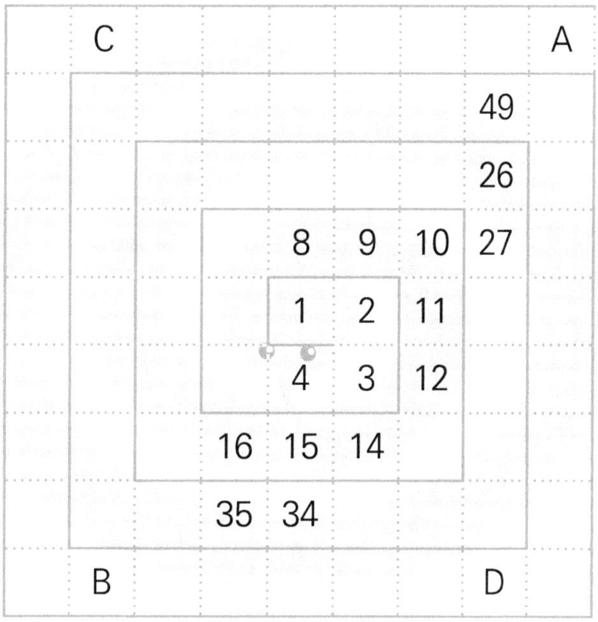
C
A
49
26
8 9 10 27
1 2 11
4 3 12
16 15 14
35 34
B
D

볼리비아 셋째날 모든 문제 끝!
수크레로 이동하는 무우와 친구들에게 어떤 일이 일어날까요?

신기한 표지판

우리는 일생 생활에 여러 표지판을 봅니다. 세계에 어떤 신기한 표지판이 있을까요?

〈그림 1〉

<그림 1>과 같이 호주에서 캥거루, 코알라, 왈라비 등 자동차 도로에 자주 나오는 동물들을 표지판에 그려 놓았습니다. 이를 통해 사람들은 도로를 다닐 때, 동물들을 조심하면서 운전합니다.

<그림 2>는 한국에서 찾을 수 없는 독일의 무제한 속도 구간 표지판입니다. 독일의 사람들은 항상 도로의 1차선인 추월 차선을 비워두기 때문에 평균 주행 속도는 높지만 사고 발생률이 낮다고 합니다.

〈그림 2〉

<그림 3>은 미국 하와이에서 볼 수 있는 히치 하이킹 금지 표시판입니다. 하와이에서는 히치 하이킹이 불법행위로 이를 한 사람과 차에 태운 사람 모두 벌금을 부과한다고 합니다.

〈그림 3〉

이처럼 표지판은 우리가 지켜야 할 약속을 간단한 그림이나 문자로 나타낸 것입니다. 수학에서도 약속된 기호인 +, -, ×, ÷을 사용해 연산식을 만듭니다. 이 외에도 ○, □, △ 등을 이용해 새로운 연산 기호를 만들 수 있습니다.

4. 새로운 연산 기호

수크레에 도착한 무우와 친구들
여기가 볼리비아의 수도인 수크레야!
신난다~
수크레는 무려 4개의 이름을 가졌다고 해.
엣헴
도시의 이름을 말하는 거야?
오~!
그렇구나! 마지막 이름은 뭐야?
맞아! 원래는 차르카스라는 이름이었는데, 이름이 2번 바뀌었다고 해.
마지막으로 하얀 색 도시라는 별명이 있대. 이유가 뭘까?
오~
궁금해! 어서 알려줘!

루레나바케
라파즈
수크레
포토시
볼리비아
Bolivia

볼리비아 넷째 날 DAY4

무우와 친구들은 볼리비아에 도착한 넷째 날, <수크레>에 도착했어요. <자유의 집>, <볼리바르 광장>, <타라부코 시장> 에서 만나는 수학 문제들은 어떤 것이 있을까요?

4 새로운 연산 기호 단원 살펴보기

궁금해요

수크레의 거리를 걷는 무우와 친구들
수크레의 건물은 대부분 하얀색이라. 하얀색 도시라 불린대.
와~
정말이네? 건물들이 왜 다 하얀색 일까?
갸웃
나는 그 이유를 알지! 문제를 풀면 알려줄게.
에헴~
좋아! 내가 제일 빨리 풀어 봐야지!

문제

A ▲ B는 A에서 B를 B 번 만큼 빼고 A △ B는 A에 A 번 만큼 B를 더 합니다. 이 규칙에 따라 (7 △ 5) ▲ 4를 구하세요.

1. 새로운 연산 기호

기호는 어떤 약속을 간단히 나타낸 것입니다.

기호 ★, ●, ■, ▲ 을 이용해 새로운 약속된 기호를 만들 수 있습니다.

예시문제 오른쪽 새로운 연산 기호 ★의 규칙을 찾으세요.

1 ★ 8 = 6
7 ★ 2 = 12
4 ★ 6 = 22
3 ★ 5 = 13

풀이 각 식에서 주어진 두 수를 이용해 합, 차, 곱 등의 계산 결과를 생각합니다.

1 + 8 = 9	8 - 1 = 7	1 × 8 = 8
7 + 2 = 9	7 - 2 = 5	7 × 2 = 14
4 + 6 = 10	6 - 4 = 2	4 × 6 = 24
3 + 5 = 8	5 - 3 = 2	3 × 5 = 15

두 수의 합과 차를 한 결과로 새로운 연산 결과인 6, 12, 22, 13을 만들 수 없습니다.

두 수의 곱한 결과에 각각 2씩 빼면 6, 12, 22, 13을 만들 수 있습니다.

1 × 8 → 8 - 2 = 6
7 × 2 → 14 - 2 = 12
4 × 6 → 24 - 2 = 22
3 × 5 → 15 - 2 = 13

따라서 연산 기호 ★의 규칙은 두 수를 곱한 후 2를 빼는 것입니다.

2. 수 상자

수 상자는 어떤 연산 규칙에 따라 수 상자에 수를 넣었을 때 그 수가 연산 되어 나오는 것입니다.

예시문제 **<그림>과 같이 수 상자 4개가 있습니다. 수 상자에 3을 넣었을 때, 어떤 수가 나올지 구하세요.**

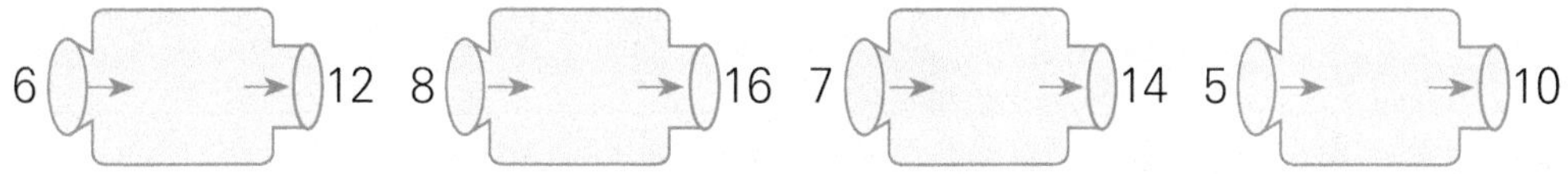

〈그림〉

풀이 수 상자에 수 상자의 연산 결과 값과 넣은 수를 이용해 합, 차, 나눗셈 등의 계산 결과를 생각합니다.

$6 + 12 = 18$ $12 - 6 = 6$ $12 \div 6 = 2$

$7 + 14 = 21$ $14 - 7 = 7$ $14 \div 7 = 2$

$8 + 16 = 24$ $16 - 8 = 8$ $16 \div 8 = 2$

$5 + 10 = 15$ $10 - 5 = 5$ $10 \div 5 = 2$

두 수의 나누기를 했을 때, 모두 계산 결과가 2로 모두 같습니다. 따라서 수 상자 안의 연산 규칙은 × 2 입니다.

수 상자에 3을 넣으면 3 × 2로 6이 나옵니다.

$6 \times 2 = 12$
$8 \times 2 = 16$
$7 \times 2 = 14$
$5 \times 2 = 10$
$3 \times 2 = 6$

1. 괄호가 있는 식은 괄호 안에 있는 연산 기호부터 계산합니다.
두 개 이상의 연산 기호가 나오면 앞에서부터 차례대로 계산합니다.
두 연산 기호의 규칙을 아래와 같이 연산식으로 적어봅니다.

A ▲ B = A − B − B − B ⋯ = A − B × B (B 번)   A △ B = A + B + B + B ⋯ = A + A × B (A 번)

2. 괄호 안에 있는 연산 기호부터 규칙에 맞게 식을 적습니다.
7 △ 5 = 7 + 5 + 5 + 5 + 5 + 5 + 5 + 5 = 7 + 7 × 5이므로 7 △ 5 = 42입니다.
(7 △ 5) ▲ 4에서 7 △ 5 = 42이므로 그 다음 규칙에 따라 42 ▲ 4를 구합니다.
42 ▲ 4 = 42 − 4 − 4 − 4 − 4 = 42 − 16 = 26입니다.

따라서 (7 △ 5) ▲ 4 = 26입니다.

1. 새로운 연산 기호

자유의 집
수크레의 건물들은 흰색으로 칠해야 한다는 법을 지켜야 해서 흰색이구나!
맞아!
정답을 맞췄으니 이동해 볼까? 여기는 자유의 집이야!
여기에 인형이 전시되어 있네? 옷에 수와 기호가 적혀 있어.
음~?
식에 규칙이 있는 것 같은데... 그럼, (5 ♥ 3) ♡ 25 는 뭘까?

4 ♥ 1 = 20
3 ♥ 6 = 27
8 ♥ 2 = 80
7 ♥ 5 = 84
4 ♡ 3 = 3
7 ♡ 2 = 15
5 ♡ 1 = 12
9 ♡ 0 = 27

위 식의 규칙을 찾아 (5 ♥ 3) ♡ 25를 구하세요.

Step 1 아래는 A ♥ B의 계산 방법입니다. 빈칸에 알맞은 연산 기호를 써넣으세요.

4 ♥ 1 = 4 □ (4 □ 1) = 20　　3 ♥ 6 = 3 □ (3 □ 6) = 27

8 ♥ 2 = 8 □ (8 □ 2) = 80　　7 ♥ 5 = 7 □ (7 □ 5) = 84

➡ A ♥ B = A □ (A □ B)

Step 2 기호 ♡에 주어진 두 수의 합, 차, 곱을 구하여 표를 완성하세요.

주어진 수	합	차	곱
4, 3	4 + 3 = 7	4 − 3 = 1	4 × 3 = 12
7, 2			
5, 1			
9, 0			

Step 3 위 **Step 2** 에서 구한 표에 어떤 수를 더하거나 빼거나 곱하여 계산 결과가 나올 수 있는지, A ♡ B는 어떤 연산식인지 적고 (5 ♥ 3) ♡ 25를 구하세요.

A ♡ B = (　　　　　　　　　　)

(5 ♥ 3) ♡ 25 = (　　　　　　　　　　)

정답 및 풀이 P.20

풀이

Step 1 아래와 같이 각 빈칸에 차례대로 ×와 +를 적으면 식이 성립합니다.

4 ♥ 1 = 4 □ (4 □ 1) = 20 → 4 × (4 + 1) = 20

3 ♥ 6 = 3 □ (3 □ 6) = 27 → 3 × (3 + 6) = 27

8 ♥ 2 = 8 □ (8 □ 2) = 80 → 8 × (8 + 2) = 80

7 ♥ 5 = 7 □ (7 □ 5) = 84 → 7 × (7 + 5) = 84

따라서 A ♥ B = A × (A + B)입니다.

Step 2 표의 빈칸에 알맞은 식을 적어 계산합니다.

주어진 수	합	차	곱
4, 3	4 + 3 = 7	4 − 3 = 1	4 × 3 = 12
7, 2	7 + 2 = 9	7 − 2 = 5	7 × 2 = 14
5, 1	5 + 1 = 6	5 − 1 = 4	5 × 1 = 5
9, 0	9 + 0 = 9	9 − 0 = 9	9 × 0 = 0

Step 3 계산 결과가 3, 15, 12, 27이 되기 위해서는 **Step 2** 에서 구한 차에 각각 × 3을 해야 합니다.

4 ♡ 3 = (4 − 3) × 3 = 3,

7 ♡ 2 = (7 − 2) × 3 = 15, ⋯ 입니다.

따라서 A ♡ B = (A − B) × 3입니다.

(5 ♥ 3) ♡ 25에서 괄호 안에 있는 5 ♥ 3을 계산합니다.

5 ♥ 3 = 5 × (5 + 3) = 5 × 8 = 40입니다.

40 ♡ 25를 규칙에 따라 계산하면 (40 − 25) × 3 = 15 × 3 = 45입니다.

따라서 (5 ♥ 3) ♡ 25 = 45입니다.

정답 : (5 ♥ 3) ♡ 25 = 45

확인하기 기호 ▲와 △의 규칙을 찾아 (3 △ 4) ▲ 2를 구하세요.

1 ▲ 5 = 0	6 △ 1 = 14
2 ▲ 4 = 4	4 △ 5 = 18
7 ▲ 3 = 18	8 △ 3 = 22
6 ▲ 2 = 10	9 △ 6 = 30

(3 △ 4) ▲ 2 =

2. 수 상자

볼리바르 광장
여긴 볼리바르 광장이야!
정말 넓다!
저기 있는 동상이 볼리바르 장군의 동상이래.
광장 중앙에 있구나. 멋있다!
와~ 광장에 비둘기가 정말 많다! 귀여워~
비둘기가 사람을 잘 따르는구나?
저기 좀 봐. 비둘기를 데리고 마술 쇼를 하고 있네?
정말이네! 마술사가 신기한 상자를 가지고 있는걸?
(A + B) × B
와~

상자에 적힌 규칙에 따라 21이 나왔을 때, 가능한 (A, B)를 모두 구하세요.

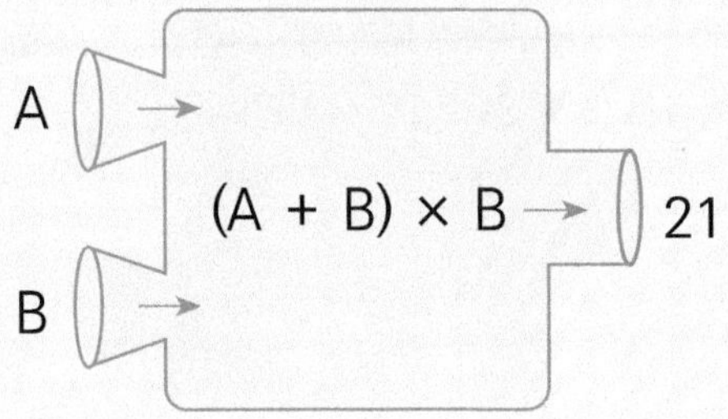
A
B
(A + B) × B
21

Step 1 두 수를 곱하여 21이 되는 경우를 모두 적으세요.

Step 2 (A + B) × B에서 (A + B)로 가능한 수를 모두 구하세요.

Step 3 위 Step 2 에 따라 가능한 (A, B)를 모두 구하세요.

풀이

Step 1 두 수를 곱하여 21이 되는 경우는 (1, 21), (3, 7)으로 두 가지가 있습니다. 두 수를 서로 자리를 바꿔 곱해도 상관없습니다.

Step 2 (A + B) × B에서 (A + B)는 두 수의 합이므로 (A + B)는 1은 될 수 없고, 3, 7, 21이 될 수 있습니다.

Step 2 (A + B) × B에서 (A + B) = 3일 때, B = 7이 됩니다.
하지만 A + B = 3이므로 A를 구할 수 없습니다.
(A + B) = 7일 때, B = 3이 됩니다. A = 7 - 3 = 4 입니다.
(A + B) = 21일 때, B = 1이 됩니다. A = 21 - 1 = 20 입니다.
따라서 가능한 (A, B) = (4, 3), (20, 1)입니다.

정답 : (A, B) = (4, 3), (20, 1)

확인하기 1

상자에 적힌 규칙에 따라 28이 나왔을 때, 알맞은 B를 구하세요.

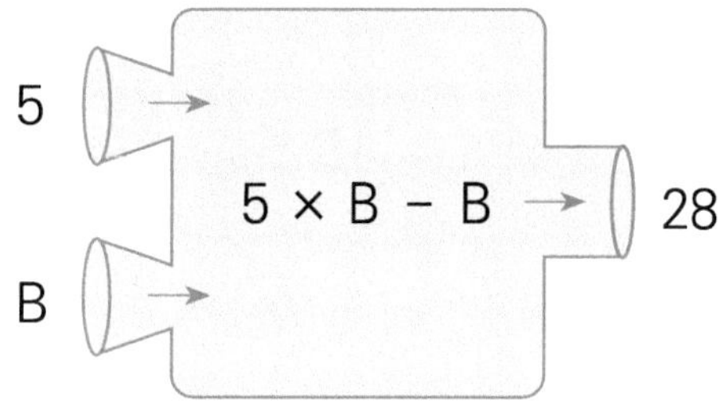

확인하기 2

상자에 적힌 규칙에 따라 28이 나왔을 때, 가능한 (A, B)를 모두 구하세요.

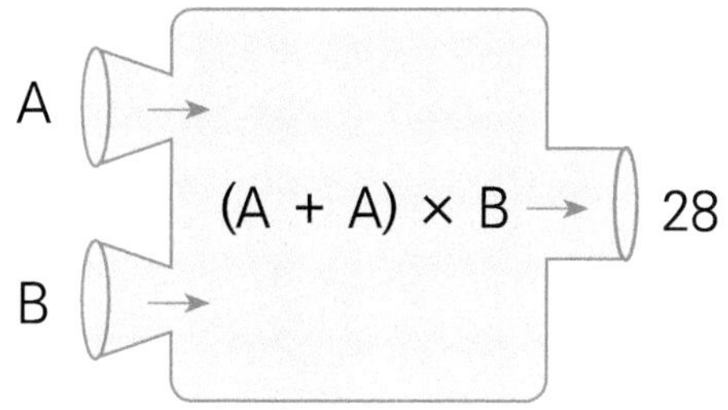

4 연습문제

01 다음 규칙에 따라 (6△4)▲5를 구하세요.

$$A \blacktriangle B = B + A \times 3$$
$$A \triangle B = A + B \times 3$$

$(6 \triangle 4) \blacktriangle 5 =$ ☐

02 연산기호 ♧의 규칙을 찾아서 11 ♧ 5를 구하세요.

5 ♧ 3 = 10	7 ♧ 6 = 35
8 ♧ 2 = 8	10 ♧ 3 = 20
6 ♧ 4 = 18	9 ♧ 4 = 27

11 ♧ 5 = ☐

03 <보기>와 같이 수 상자 4개가 있습니다. 규칙에 따라 수 상자에 8을 넣으면 어떤 수가 나올지 구하세요.

보기

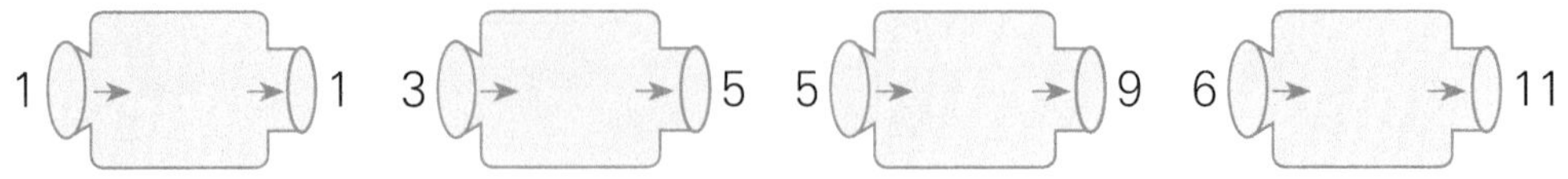

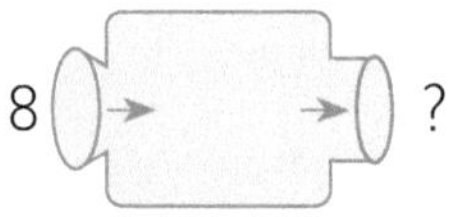

정답 및 풀이 P.21

04 <보기>의 연산기호 ●의 규칙을 찾아서 A에 들어갈 수 있는 수의 개수를 모두 구하세요.

보기

7 ● 3 = 2　　26 ● 4 = 6

38 ● 5 = 7　　20 ● 11 = 1

A ● 8 = 6

05 다음 규칙에 따라 2 ◆ (3 ◆ 5) ◆ 6을 구하세요.

A ◆ B = (A × B) − (A + B)

2 ◆ (3 ◆ 5) ◆ 6 =

06 다음과 같이 각 색마다 규칙이 다를 때, 마지막 물음표에 들어가는 수를 구하세요.

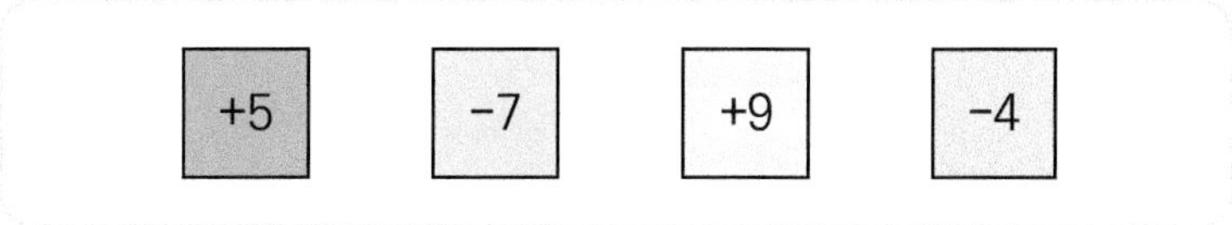

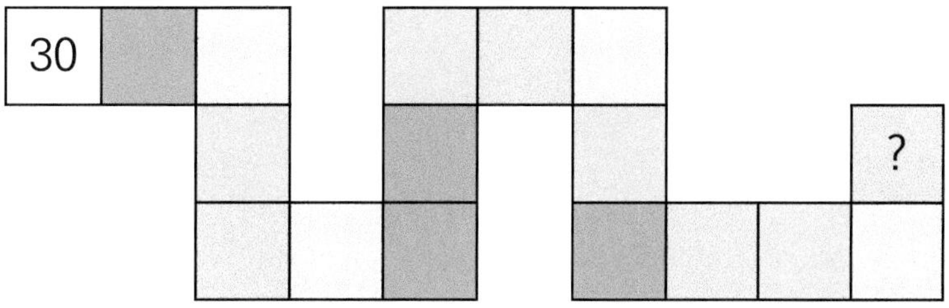

07 <보기>의 규칙을 찾아 물음표에 들어갈 알맞은 수를 구하세요.

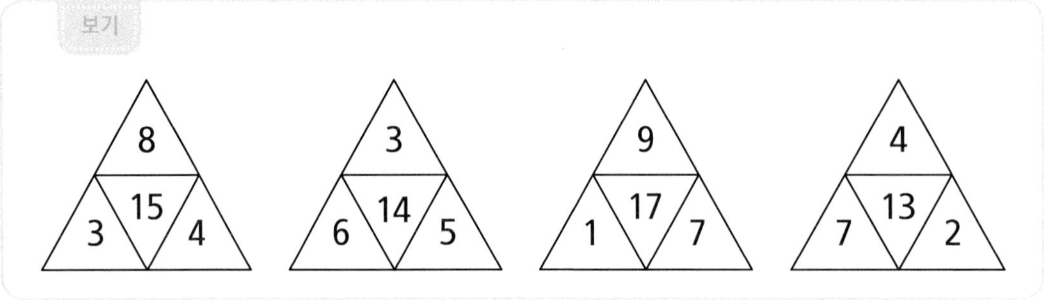

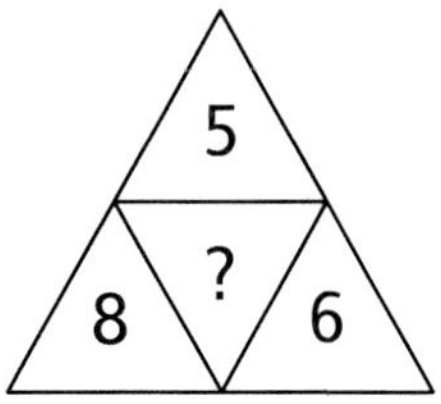

08 <보기>와 같이 수 상자에 짝수와 홀수를 넣을 때, 각각 서로 다른 규칙으로 수가 나옵니다. 수 상자의 규칙을 찾아서 A + B = 51일 때, 가능한 A를 모두 구하세요.

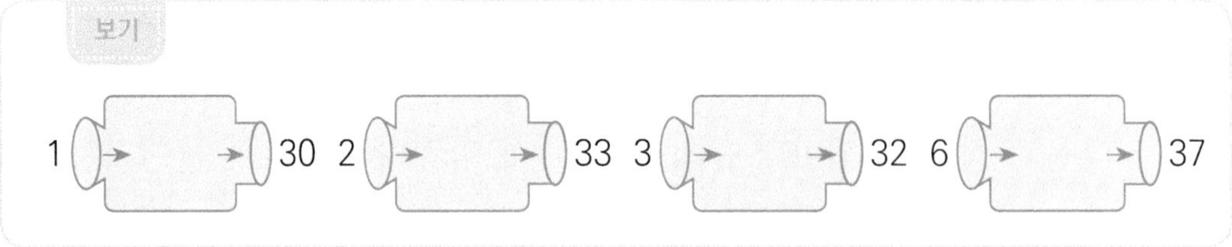

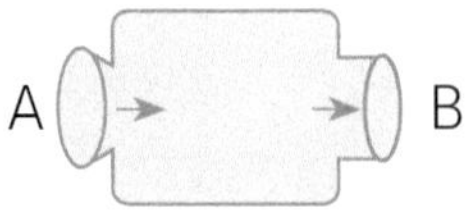

09 〈보기〉는 연산기호 ★의 규칙입니다. A, B가 서로 다를 때, 두 수를 서로 바꿔도 계산 결과가 같은 (A, B)를 구하세요.

보기

$$A \bigstar B = (A \times A) + (B + B)$$

10 상자에 적힌 규칙에 따라 A, B를 넣어 48이 나왔을 때, 가능한 A, B를 모두 구하세요.

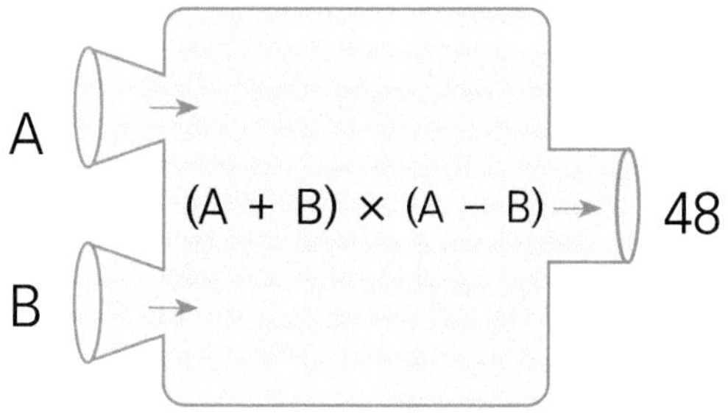

4 심화문제

01 연산기호 ●의 규칙을 찾아서 A ● 12를 계산하였습니다. 그 계산 결과가 140보다 크고 200보다 작을 때, A에 들어갈 수 있는 수의 개수를 구하세요.

4 ● 3 = 13

8 ● 2 = 62

9 ● 6 = 75

7 ● 5 = 44

정답 및 풀이 P.23

02 〈보기〉와 같이 일정한 규칙과 △, ○를 이용해서 여러 가지 수를 나타냈습니다. A에 알맞은 수를 적으세요.

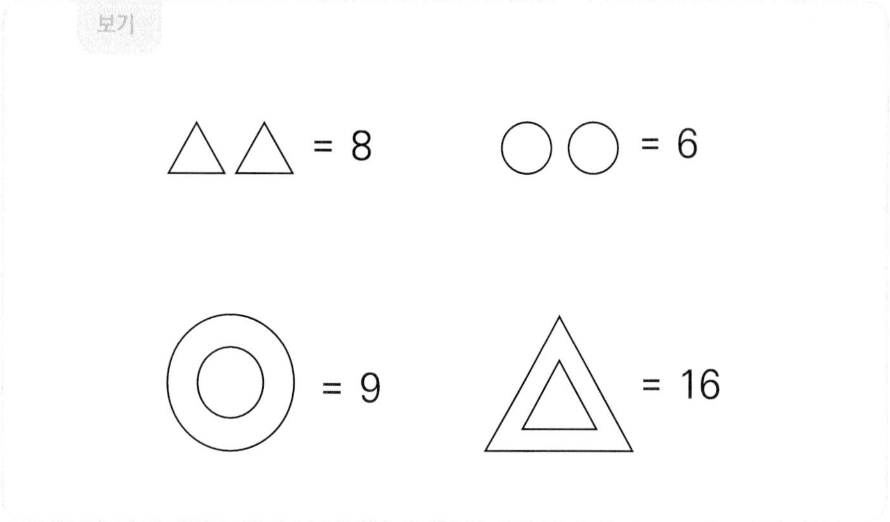

03 아래의 마법 주머니에 빨간색, 파란색, 노란색 구슬을 한개씩 놓았더니 <보기>와 같이 어떤 연산 규칙에 따라 한 개의 초록색 구슬이 나왔습니다. 8, 12, 6이 적힌 구슬을 주머니에 놓았을 때, 어떤 수가 적힌 구슬 한 개가 나오는지 구하세요.

보기

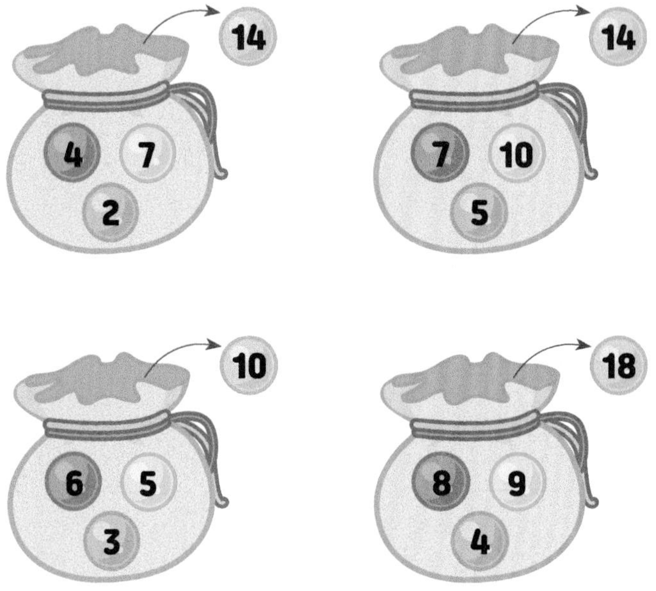

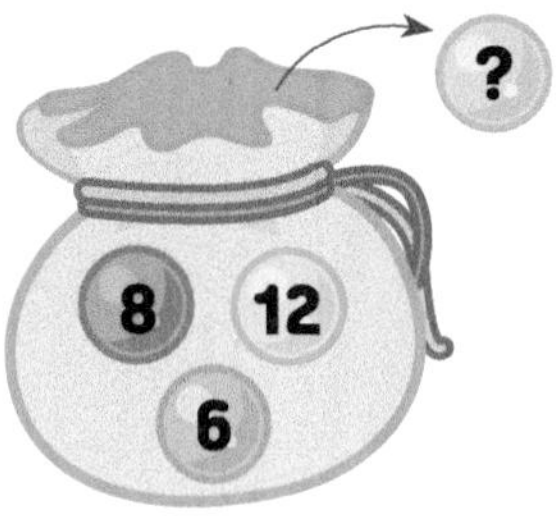

정답 및 풀이 P.24

04 아래는 연산기호 ◈와 ⊙의 규칙입니다. 5 ◈ 3 = 21, 3 ⊙ 6 = 36일 때, (7 ⊙ 2) ◈ 4를 계산하세요. (단, a, b, c는 모두 자연수입니다.)

A ◈ B = (a × A) + (b × B)

A ⊙ B = c × (A + B)

4 창의적문제해결수학

01 <그림>과 같이 출발 칸에서 시작해서 칸을 한 칸씩 옮겨 색칠하는 게임을 하려고 합니다. 6 ◎ 2를 연산 규칙에 따라 계산하여 4를 색칠했습니다. 이와 같이 화살표를 따라 이동하며 색칠하세요. (단, 칸을 오른쪽, 위쪽으로만 옮깁니다.)

보기

6 ◎ 2 ⇒ 8 ◎ 6 ⇒ 9 ◎ 7 ⇒ 10 ◎ 6 ⇒ 15 ◎ 2 ⇒ 18 ◎ 4 ⇒ 13 ◎ 9

10	9	15	18	17
5	13	13	24	39
11	21	20	10	6
4	16	2	3	8
출발	5	7	2	13

<그림>

타라부코 시장
기념품은 뭘 사 가는 게 좋을까?
흐음~...
그러게.. 어라? 가게 주인도 고민이 있나봐.
??
직물을 새로 팔아보려고 하는데, 직물의 판매 가격을 정하지 못하겠어요.
저희가 도와드릴게요!
아하!

<보기>와 같이 직물의 개수에 따라 직물을 만드는 사람의 수와 직물의 판매 가격을 정하기로 했습니다. 7개의 직물을 만드는 데는 몇 명의 사람이 필요하고 얼마에 팔아야 하는지 구하세요.

보기

(직물의 개수) ▣ = (만드는 사람의 수)

(직물의 개수) ◎ (만드는 사람의 수) = (직물의 판매 가격)

1 ▣ = 3　　　1 ◎ 3 = 150

2 ▣ = 5　　　2 ◎ 5 = 500

3 ▣ = 7　　　3 ◎ 7 = 1050

볼리비아에서 넷째 날 모든 문제 끝!
우유니로 이동하는 무우와 친구들에게 어떤 일이 일어날까요?

형상수

피타고라스는 밤하늘의 별을 보면서 형상수라는 특이한 수를 연구했습니다. 형상수는 기하학적인 도형을 이루는 점들의 개수입니다. 형상수 중에서 가장 간단한 정삼각형, 정사각형, 정오각형을 이루는 삼각수, 사각수, 오각수가 있습니다.

아래와 같이 삼각수, 사각수, 오각수의 규칙이 있습니다.

<삼각수>의 개수는 1개, 1 + 2 = 3개, 1 + 2 + 3 = 6개로 늘어납니다. <삼각수>는 더하는 수가 1씩 늘어나는 규칙이 있습니다.

<사각수>의 개수는 1 × 1 = 1개, 2 × 2 = 4개, 3 × 3 = 9개, 4 × 4 = 16개로 늘어납니다. <사각수>는 각번째 수를 두 번씩 곱한 규칙이 있습니다.

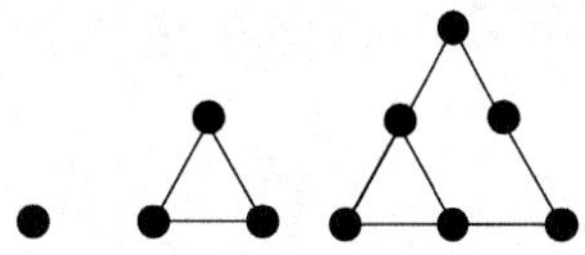

〈삼각수〉

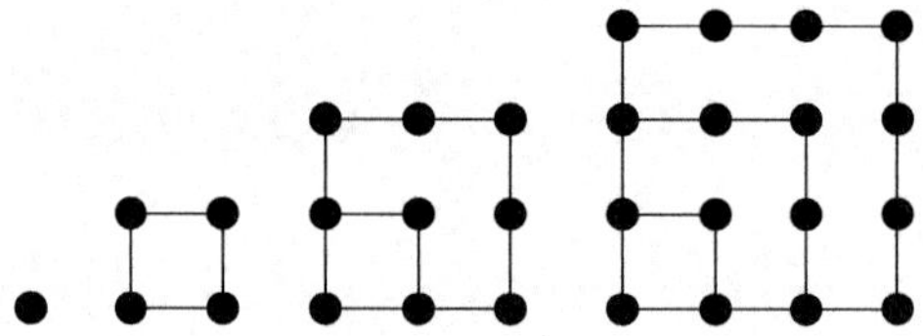

〈사각수〉

<오각수>의 개수는 1개, 1 + 4 = 5개, 1 + 4 + 7 = 12개, 1 + 4 + 7 + 10 = 22개로 늘어납니다. 오각수는 더하는 수가 3씩 늘어나는 규칙이 있습니다.

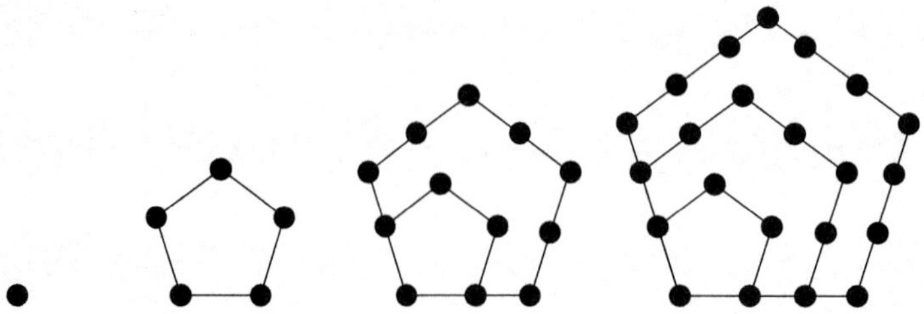

〈오각수〉

5. 규칙 찾아 해결하기

콜차니 마을
여기는 콜차니 마을이야!
예전엔 여기서 우유니 소금사막의 소금을 가공하는 일을 했대.
와~
지금은 사막투어를 준비하는 마을이 됐구나?
맞아! 이 건물에서 투어 준비물을 챙겨 가자!
앗! 건물 안에 소금 결정이 전시 되어 있네?
이런 도형을 보니 형상수가 생각나는걸?
형상수?
도형을 이루는 점들의 개수를 형상수라고 해.
저렇게 각이 많은 도형은 무슨 수로 형상수를 찾아?
규칙을 찾으면 쉬워!

루레나바케
라파즈
수크레
포토시
우유니
볼리비아
Bolivia

볼리비아 다섯째 날 DAY5

무우와 친구들은 볼리비아에 도착한 다섯째 날, <우유니>에 도착했어요. 우유니에 있는 <콜차니 마을>,<소금사막>, <물고기 섬> 을 여행할 예정이에요.
자, 그럼 <소금사막>에서 만난 수학 문제를 친구들과 함께 풀어볼까요?

5 규칙 찾아 해결하기 단원 살펴보기

궁금해요

지금부터 소금 사막에 갈거야!
가자!
이 한밤중에? 차에서 잠을 자야겠다….
휴~
우유니 소금 사막
여기가 소금 사막이야~ 저기 별들 좀 봐!
와~
우와! 바닥에 별이 있어!
소금 사막에 물이 차 있어서 하늘이 비쳐 보이는 거야.
그래서 바닥에 별이 보이는 거구나!
이것 봐!
이 별들은 선으로 연결하면 어떤 규칙이 있는 것 같은걸?
짜잔!

별 6개를 선분으로 연결해 삼각형을 만들었습니다. 11개의 별을 연결한 선분의 총개수와 삼각형이 모두 몇 개인지 각각 구하세요.

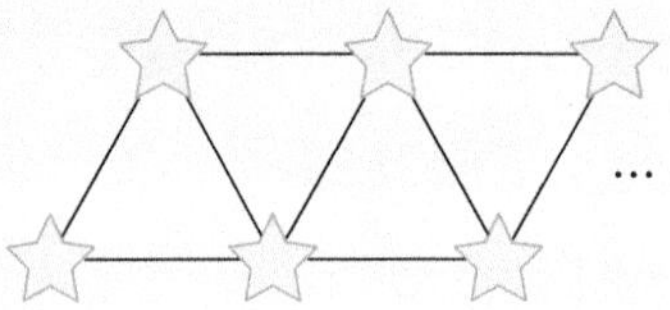

1. 도형의 개수 규칙

도형의 개수가 늘어나는 규칙을 찾습니다.

예시문제 <그림 1, 2>처럼 일정한 규칙에 따라 도형을 그릴 때, 5번째 도형의 개수를 각각 구하세요.

풀이

1. 〈그림 1〉에서 첫 번째 도형부터 네 번째 도형까지 삼각형의 개수가 2개씩 늘어납니다. 5번째 도형의 개수는 8 + 2 = 10개입니다.

2. 〈그림 2〉에서 첫 번째 도형부터 네 번째 도형까지 삼각형의 개수가 2, 3, 4로 더하는 수가 1씩 늘어납니다. 5번째 도형의 개수는 10 + 5 = 15개입니다.

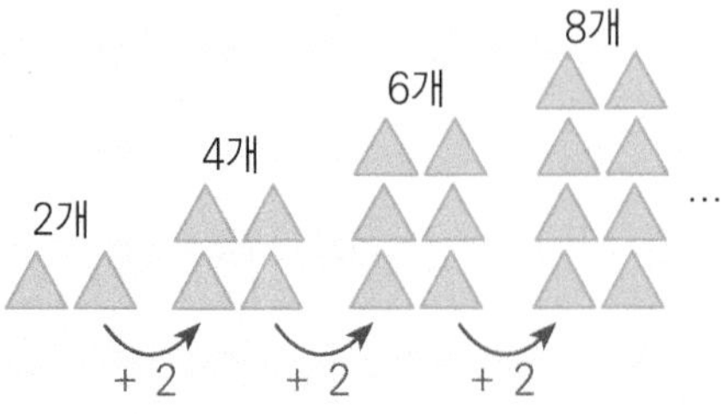

2개
4개
6개
8개
…
+ 2
+ 2
+ 2

〈그림 1〉

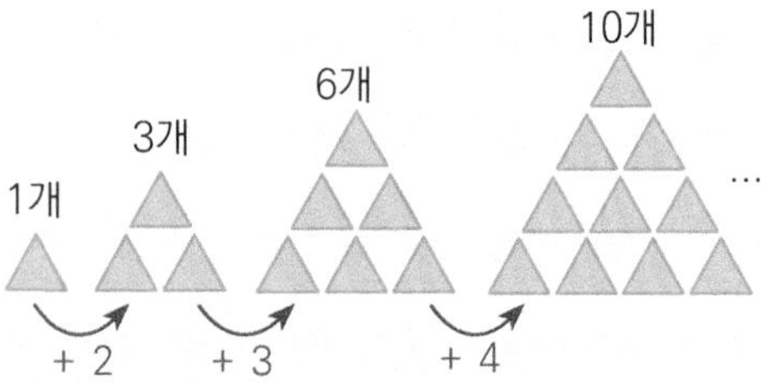

1개
3개
6개
10개
…
+ 2
+ 3
+ 4

〈그림 2〉

2. 바둑돌의 개수 규칙

예시문제 **<그림 1>과 같이 흰 돌과 검은 돌을 규칙적으로 번갈아 가며 놓았습니다. 과연 6번째에는 어떤 색의 바둑돌 몇 개를 놓을까요?**

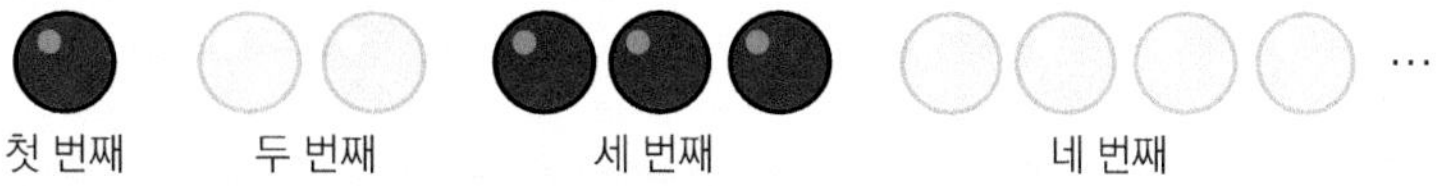

〈그림 1〉

풀이 짝수 번째와 홀수 번째 놓은 바둑돌의 규칙을 찾습니다. 짝수 번째에는 흰 돌을 놓고 홀수 번째에는 검은 돌을 놓습니다. 차례대로 갈수록 바둑돌의 개수가 1개씩 늘어납니다. 다섯 번째에는 검은 바둑돌 5개를 놓으므로 6번째에는 흰 바둑돌 6개를 놓습니다.

예시문제 **<그림 2>와 같이 바둑돌 30개를 일정한 규칙에 따라 놓았습니다. 30개의 바둑돌 중에 검은 돌의 개수는 모두 몇 개인지 구하세요.**

〈그림 2〉

풀이 마디를 찾으면 (흰, 검, 검, 흰)이 반복됩니다. 30 ÷ 4 = 7 ⋯ 2로 (마디의 수) = 7개이고 마지막에 ○● 이 남습니다.

따라서 (30개의 바둑돌 중 검은 돌의 개수) = (마디의 수) × (한 마디 안의 검은 돌의 개수) + (남은 검은 돌의 개수) = 7 × 2 + 1 = 15개입니다.

1. 3개의 별을 연결하면 선분의 개수는 3개, 삼각형의 개수는 1개입니다.
4개의 별이면 선분의 개수는 3 + 2 = 5개, 삼각형의 개수는 1 + 1 = 2개입니다.
5개의 별이면 선분의 개수는 3 + 2 + 2 = 7개, 삼각형의 개수는 1 + 1 + 1 = 3개입니다.

〈3개〉

2. 6개의 별이면 선분의 개수는 3 + 2 + 2 + 2 = 9개,
삼각형의 개수는 1 + 1 + 1 + 1 = 4개입니다.
별의 개수가 1개씩 늘어날수록 선분의 개수는 2개씩, 삼각형의 개수는 1개씩 늘어납니다.

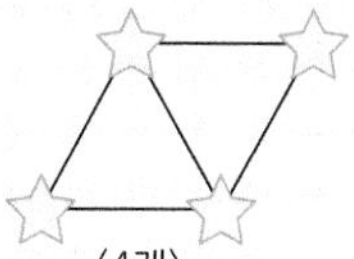

〈4개〉

3. 11개의 별이면 〈그림〉과 같이 선분의 개수는
3 + 2 + 2 + 2 + 2 + 2 + 2 + 2 + 2 = 3 + 2 × 8 = 19개,
삼각형의 개수는 1 + 1 + 1 + 1 + 1 + 1 + 1 + 1 + 1 = 9개입니다.

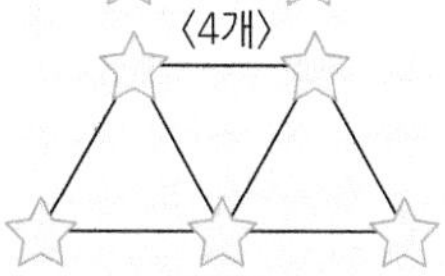

〈5개〉

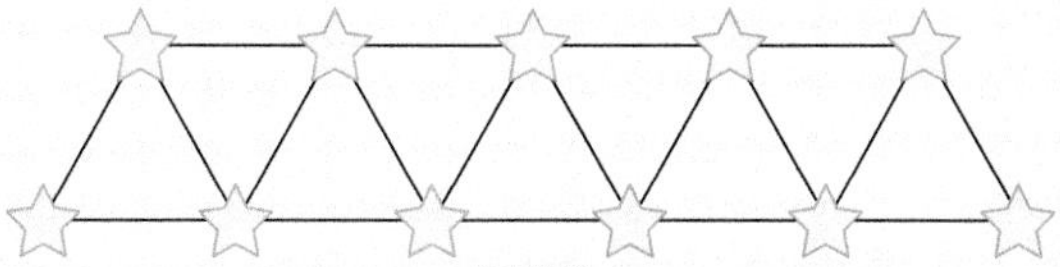

〈그림〉

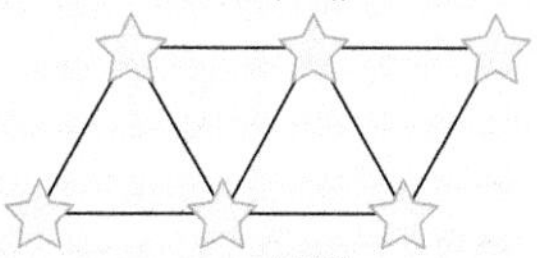

〈6개〉

별의 개수	3개	4개	5개	6개
선분의 개수	3개	3 + 2 = 5개	5 + 2 = 7개	7 + 2 = 9개
삼각형의 개수	1개	2개	3개	4개

1. 도형의 개수

찌잔~!
저길 좀 봐! 해가 뜨고 있어!
부우웅~
우린 지금부터 물고기 섬으로 갈 거야~
물고기 섬??
물고기 섬
멀리서 보면 섬이 물고기 모양이래.
와~
여기 선인장이 엄청 많다!
앗, 이 선인장에 어떤 원이 그려져 있네?

5개의 선인장에 각각 일정한 규칙의 원이 그려져 있습니다. 7번째 선인장에는 몇 개의 원을 그려야 할까요?

…

첫 번째 / 두 번째 / 세 번째 / 네 번째 / 다섯 번째

Step 1 원의 개수가 늘어나는 규칙은 무엇일까요?

Step 2 Step 1 의 규칙에 따라 6번째 선인장에 그려져있는 원의 개수를 구하세요.

Step 3 7번째 선인장에는 모두 몇 개의 원이 있을까요?

풀이

Step 1 표와 같이 첫 번째부터 다섯 번째까지 원의 개수를 찾습니다.
원의 개수가 2, 4, 8, 16개씩 커지는 규칙입니다. 2, 4, 8, 16 는 2씩 곱해집니다.

	첫 번째	두 번째	세 번째	네 번째	다섯 번째
원의 개수	1개	3개	7개	15개	31개

+ 2　　+ 4　　+ 8　　+ 16

× 2　　× 2　　× 2

Step 2 규칙에 따라 6번째 선인장에는
31 + 16 × 2 = 31 + 32 = 63개의 원이 있습니다.

Step 3 6번째 선인장에는 63개의 원이 있으므로 7번째 선인장에는
63 + 32 × 2 = 63 + 64 = 127개의 원을 그려야 합니다.

정답 : 127개

확인하기 1

일정한 규칙적으로 다섯 번째까지 선분을 그렸습니다. 9번째 모양은 몇 개의 선분이 있을까요?

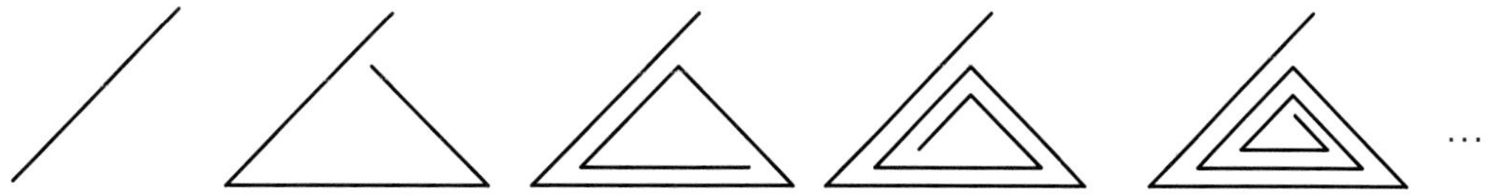

첫 번째　두 번째　세 번째　네 번째　다섯 번째

확인하기 2

일정한 규칙적으로 네 번째까지 사각형을 그렸습니다. 7번째에는 몇 개의 사각형을 그릴까요?

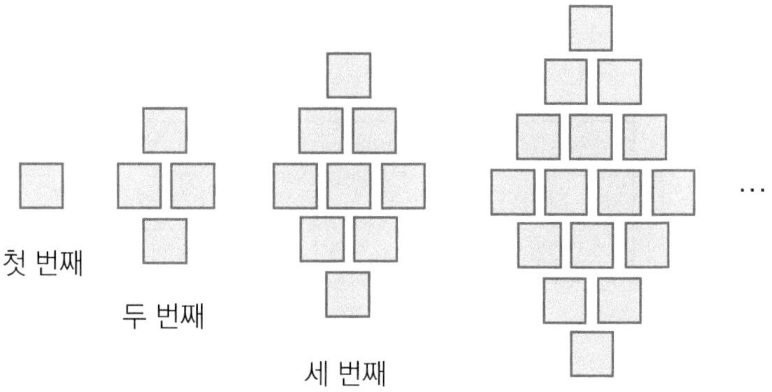

첫 번째　두 번째　세 번째　네 번째

5 대표문제

2. 바둑돌의 개수

오늘은 정말 알찬 하루였어!
맞아. 이제 숙소로 돌아가서 쉬자~
부르릉~!
그러고 보니, 이 숙소의 침대는 소금으로 만들어졌대.
정말이야? 궁금한데 한 번 맛을 볼까..
으악~! 너무 짜! 아니, 너무 짜서 쓴 맛이 나!!
제이 너도 참! 자, 여기 물 마셔!
신기한 숙소네.. 저 액자에는 바둑돌이 그려져 있잖아?
규칙을 찾아볼까?

규칙에 따라 다섯 번째까지 흰 돌과 검은 돌이 붙어 있습니다. 7번째에는 흰 돌과 검은 돌이 각각 몇 개씩 필요한지 구하세요.

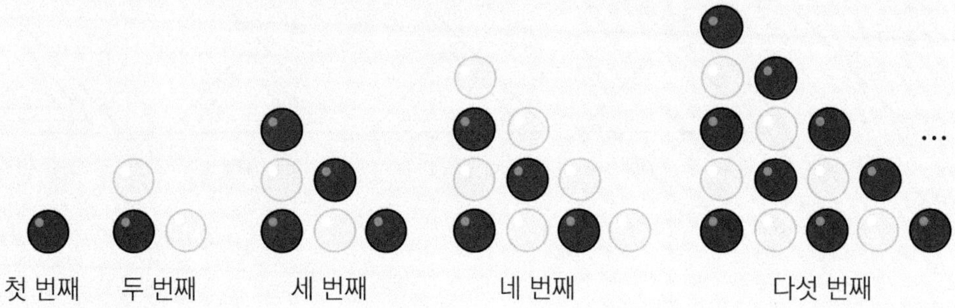

…
첫 번째
두 번째
세 번째
네 번째
다섯 번째

Step 1 바둑돌의 총개수의 규칙을 찾으세요.

Step 2 흰 바둑돌과 검은 바둑돌의 개수를 표에 각각 적어 규칙을 찾으세요.

	첫 번째	두 번째	세 번째	네 번째	다섯 번째
검은 돌의 개수	1개				
흰 돌의 개수	0개				

Step 3 7번째에는 흰 돌과 검은 돌이 각각 몇 개씩 필요합니까?

풀이

Step 1 첫 번째부터 다섯 번째까지 바둑돌의 총개수는 각각 1, 3, 6, 10, 15개입니다. 바둑돌의 총개수는 2, 3, 4, 5개씩 늘어납니다.

Step 2 표에 검은 돌과 흰 돌의 개수를 각각 적습니다. 같은 색의 칸에는 같은 개수가 적혀 있습니다. 다섯 번째 검은 돌의 개수는 6번째 검은 돌의 개수와 같고 6번째 흰 돌의 개수와 7번째 흰 돌의 개수가 같습니다.

+ 3 + 5

	첫 번째	두 번째	세 번째	네 번째	다섯 번째
검은 돌의 개수	1개	1개	1 + 3 = 4개	1 + 3 = 4개	1 + 3 + 5 = 9개
흰 돌의 개수	0개	2개	2개	2 + 4 = 6개	2 + 4 = 6개

+ 2 + 4

검은 돌의 개수는 홀수인 3, 5씩 늘어나고 흰 돌의 개수는 짝수인 2, 4, 6씩 늘어납니다.

Step 3 규칙에 따라 6번째 바둑돌의 총개수는 15 + 6 = 21개입니다. 이 중 검은 돌의 개수는 다섯 번째 검은 돌의 개수와 같은 9개이고 흰 돌의 개수는 2 + 4 + 6 = 12개입니다.

따라서 7번째 바둑돌의 총 개수는 21 + 7 = 28개입니다. 이 중 검은 돌의 개수는 1 + 3 + 5 + 7 = 16개이고 흰 돌의 개수는 6번째 흰 돌의 개수와 같은 12개입니다.

정답 : 7번째 흰 돌의 개수 = 12, 검은 돌의 개수 = 16개

확인하기

규칙에 따라 다섯 번째까지 흰 돌과 검은 돌을 놓았습니다. 10번째에는 흰 돌과 검은 돌을 각각 몇 개씩 놓는지 구하세요.

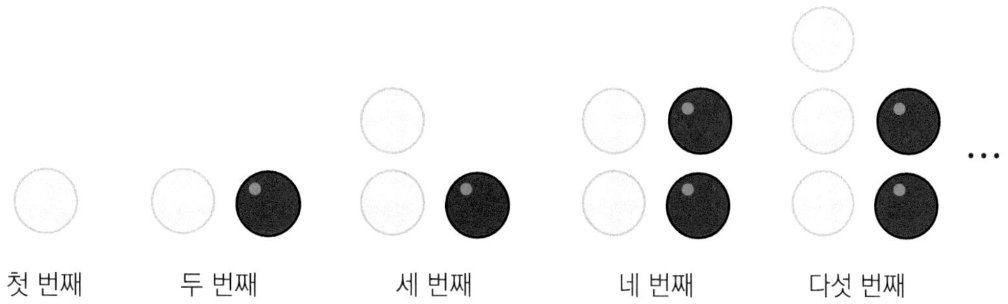

01 일정한 규칙적으로 네 번째까지 선분을 그렸습니다. 8번째 모양에는 몇 개의 선분이 있을까요?

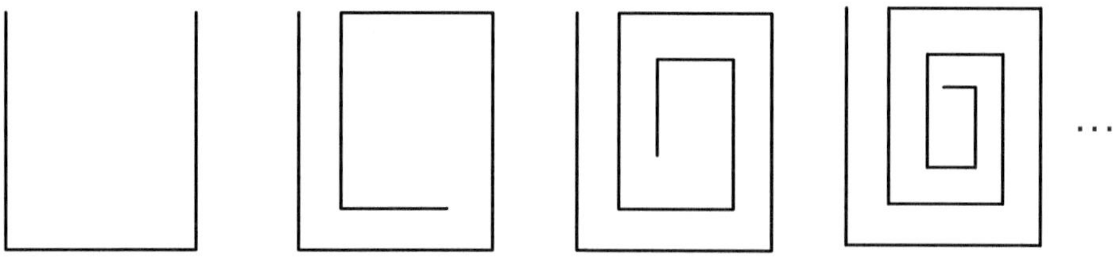

첫 번째 두 번째 세 번째 네 번째

02 바둑돌 28개를 일정한 규칙에 따라 놓았습니다. 28개의 바둑돌 중에 흰 돌의 개수는 모두 몇 개인지 구하세요.

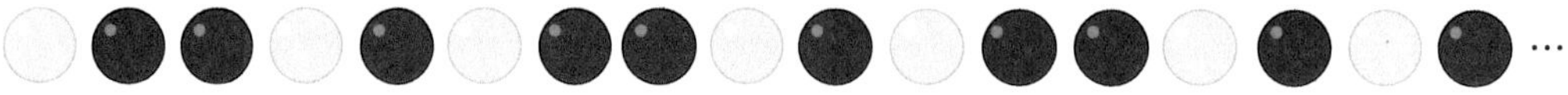

03 규칙에 따라 네 번째까지 흰 사각형과 검은 사각형을 놓았습니다. 9번째에 검은 사각형과 흰 사각형을 각각 몇 개씩 놓는지 구하세요.

첫 번째 두 번째 세 번째 네 번째

04 규칙에 따라 네 번째까지 성냥개비를 놓았습니다. 6번째에는 몇 개의 성냥개비를 놓는지 구하세요.

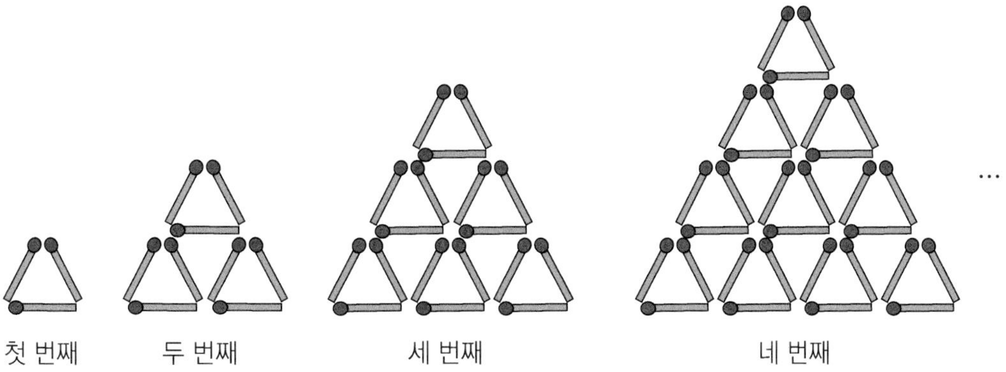

05 일정한 규칙에 따라 상상이가 총 51개의 구슬로 만든 목걸이가 있습니다. 목걸이 일부가 물감에 가려져서 보이지 않습니다. 물감 속에 있는 원, 삼각형, 사각형 모양 구슬의 개수를 각각 구하세요.

06 밧줄을 여러 번 잘라서 여러 조각으로 자를 때, 10번째의 밧줄은 총 몇 조각으로 나누어질까요?

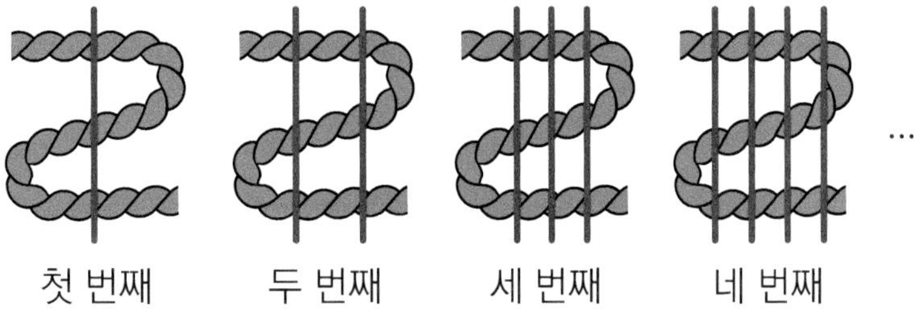

5 연습문제

07 〈표〉와 같이 처음 A, B 통장에 돈을 100원과 700원을 각각 넣은 후 일정한 규칙에 따라 4개월 동안 한 달마다 돈을 넣습니다. 무우가 A, B 통장에 처음에 각각 1050원씩 넣고 같은 규칙으로 한 달마다 돈을 넣을 때, 4개월 후에는 각 통장에 얼마씩 넣어야 할까요?

	처음 돈	1개월 후	2개월 후	3개월 후	4개월 후
A 통장	100원	200원	400원	800원	1600원
A 통장	700원	1400원	2800원	5600원	11200원
B 통장	100원	250원	400원	550원	700원
B 통장	700원	850원	1000원	1150원	1300원

〈표〉

08 일정한 규칙에 따라 사각형의 개수가 늘어납니다. 8번째에서 사각형의 총개수를 구하세요.

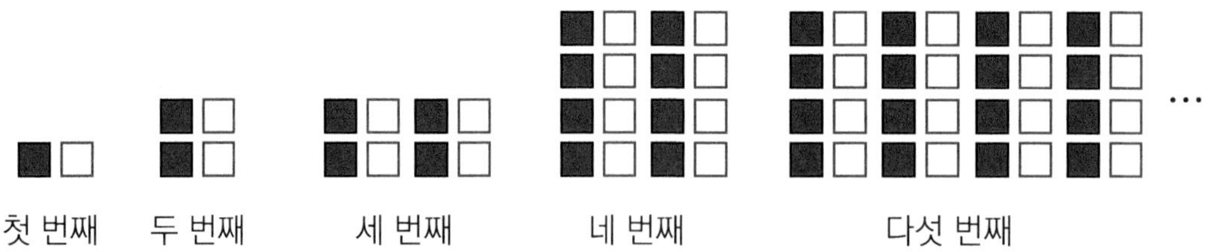

09 규칙에 따라 쌓기나무를 쌓았습니다. 6번째까지 쌓기나무를 쌓았을 때, 첫 번째부터 6번째까지 사용한 쌓기나무의 총개수를 구하세요.

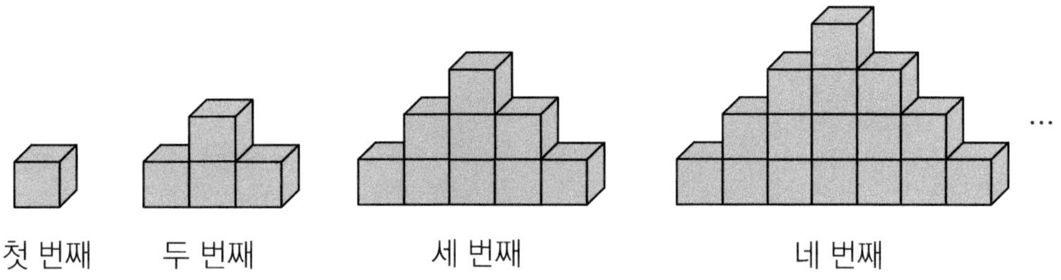

10 일정한 규칙에 따라 네 번째까지 삼각형과 사각형을 그렸습니다. 8번째에서 삼각형과 사각형은 각각 몇 개일까요?

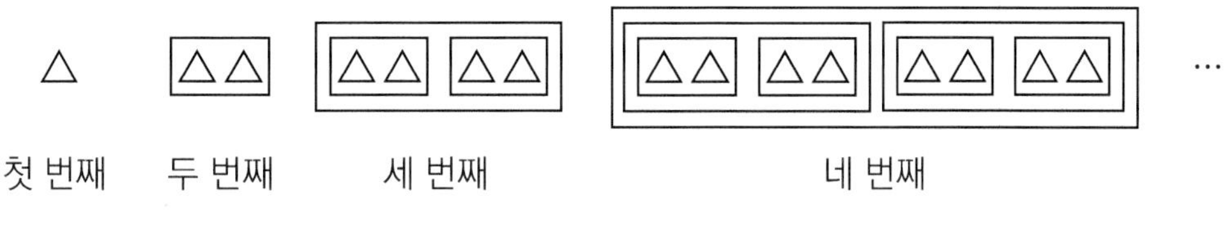

01 규칙에 따라 다섯 번째까지 흰 돌과 검은 돌을 놓았습니다. 7번째에는 흰 돌과 검은 돌을 각각 몇개씩 놓아야 할까요?

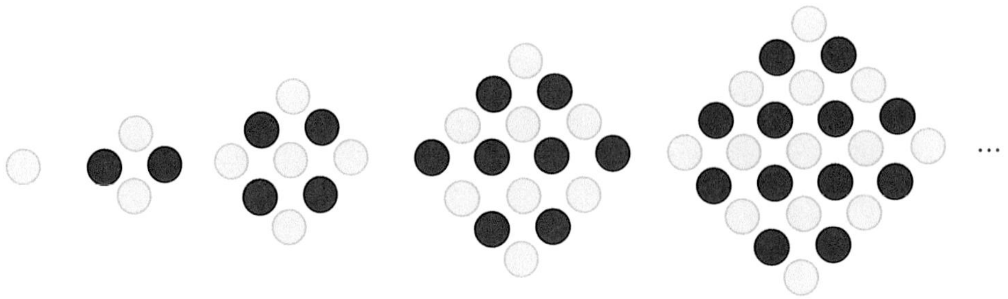

첫 번째 두 번째 세 번째 네 번째 다섯 번째

02 원의 개수가 늘어날수록 교점의 개수도 늘어납니다. 원이 9개일 때, 교점의 개수를 구하세요.

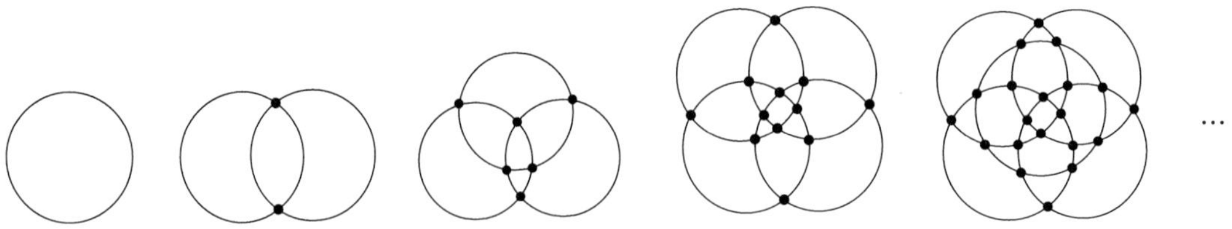

원 1개 원 2개 원 3개 원 4개 원 5개

정답 및 풀이 P.29

03 파란색과 흰색 삼각형을 규칙적으로 놓았습니다. 5번째에서 파란색 삼각형과 흰색 삼각형의 개수의 차를 구하세요.

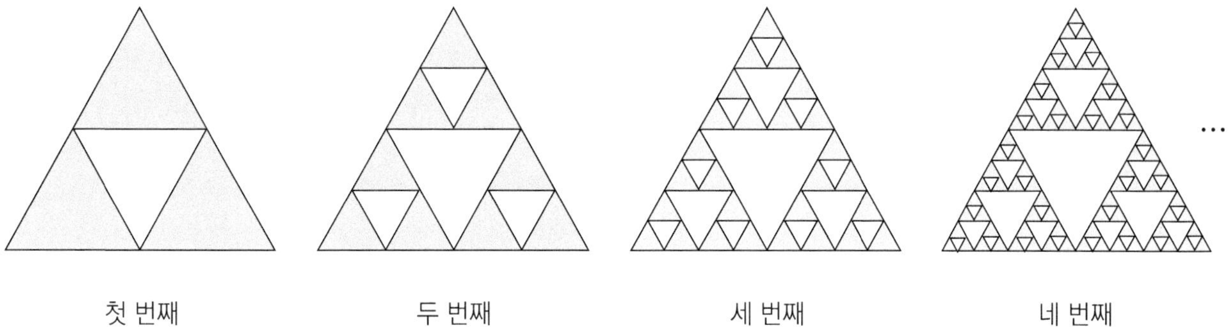

04 규칙에 따라 여섯 번째까지 흰 돌과 검은 돌을 놓았습니다. 9번째의 흰 돌과 검은 돌의 개수를 각각 구하세요.

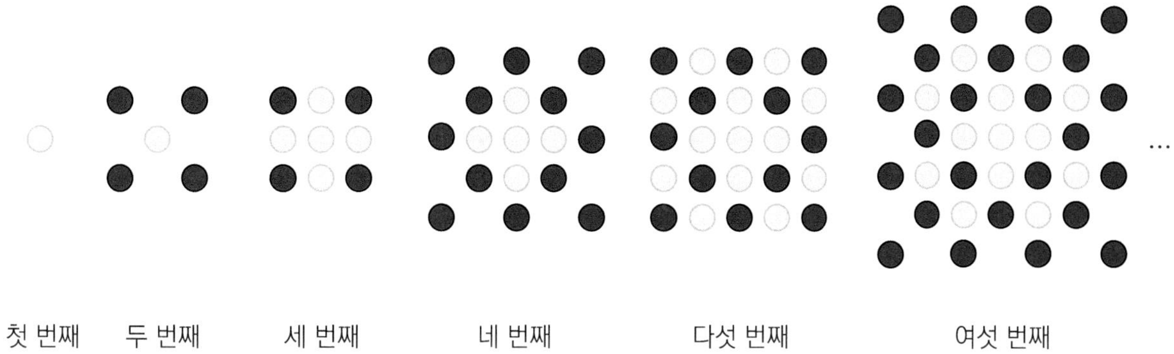

01 무우와 친구들은 가로와 세로 길이가 각각 2cm, 1cm인 사각형을 규칙적으로 나눴습니다. 10번째 사각형의 모든 선분의 길이의 합을 구하세요.

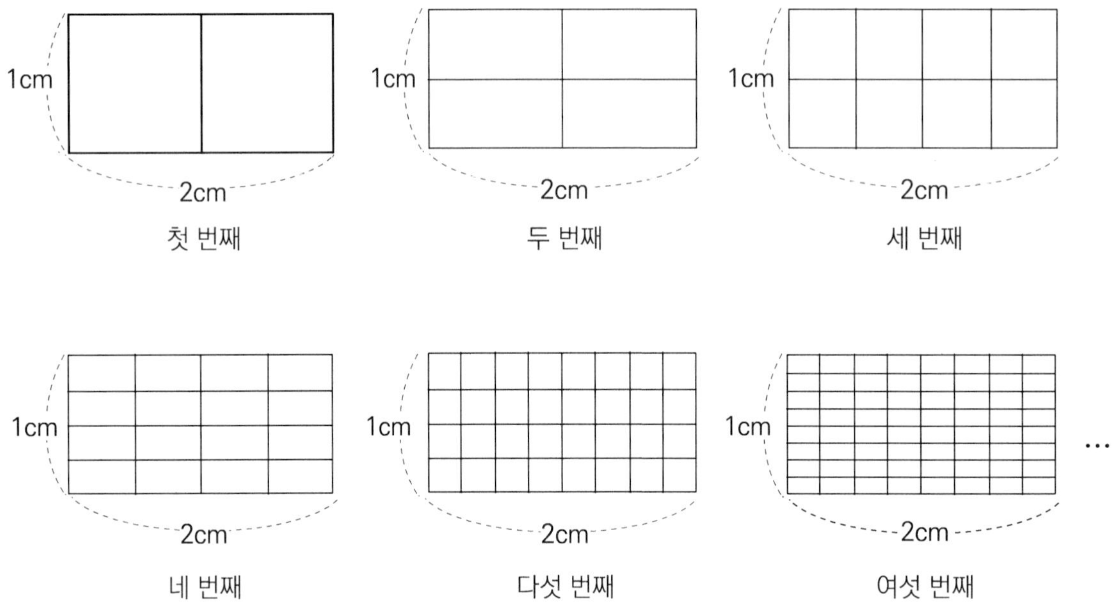

02
창의융합문제

오늘이 볼리비아 에서의 마지막 날이야.
음~
그냥 자려니 아쉽다…. 숙소 앞이라도 산책하자!
어? 여기 나무 앞에 큰 표지판 이 있네.
??
나무에 관한 내용이 적혀있어~ 와서 한 번 봐봐!
여기야~
좋아!

일정한 규칙에 따라 한 달마다 나뭇가지의 끝부분에 나뭇잎이 한 개씩 늘어납니다.

현재 나무에 나뭇잎이 한 개일 때, 5개월 후 나무에는 몇 개의 나뭇잎이 있을까요?

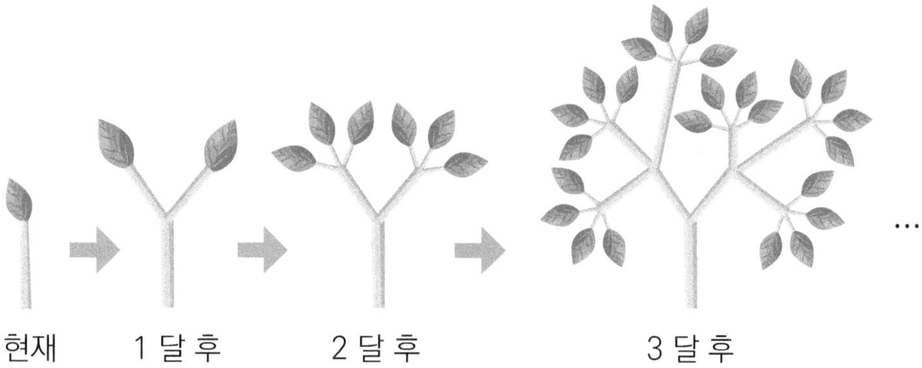
…
현재
1 달 후
2 달 후
3 달 후

볼리비아에서 다섯째 날 모든 문제 끝!
친구들과 함께한 볼리비아에서의 수학여행을 마친 소감은 어떤가요?

MEMO

영재들의 수학여행

Math Travel

무한상상

창의영재수학

아이앤아이

정답 및 풀이

초급 초등 3~5학년 D 규칙 볼리비아편

무한상상

Imagine Infinite!

창의영재수학

아이앤아이

정답 및 풀이

초급 초등 3~5학년 D 규칙 볼리비아편

1. 수 패턴

대표문제1 확인하기 1 .... P. 13

[정답] 76

[풀이 과정]

1) (그림)과 같이 이 수들의 규칙은 앞의 두 수를 더한 합이 그 다음 수가 되는 규칙입니다.
2) 7번째 수는 11 + 18 = 29이고 8번째 수는 18 + 29 = 47입니다. 따라서 9번째 수는 29 + 47 = 76입니다. (정답)

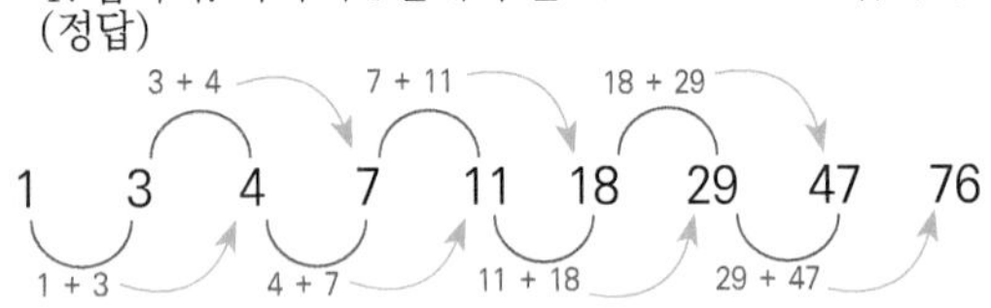

(그림)

대표문제1 확인하기 2 .... P. 13

[정답] 75

[풀이 과정]

1) (그림)과 같이 더해지는 수가 2, 4, 6, 8 …으로 2씩 커집니다.
2) 5번째 숫자 카드에서 10을 더하여 6번째 숫자 카드에 적힌 숫자는 33입니다. 이에 따라 7번째 숫자 카드와 8번째 숫자 카드에 적힌 숫자는 45, 59입니다.
3) 따라서 9번째 숫자 카드에 적힌 숫자는 59 + 16 = 75입니다. (정답)

(그림)

대표문제2 확인하기 1 .... P. 15

[정답] 100

[풀이 과정]

1) (그림)과 같이 더해지는 수가 3, 5, 7, 9, 11 …으로 2씩 커집니다. 또한, 첫 번째 수는 1 × 1 = 1이고 두 번째 수는 2 × 2 = 4가 되고 세 번째 수는 3 × 3 = 9가 됩니다.
2) 따라서 10번째 수는 81 + 19 = 100이거나 10 × 10 = 100입니다. (정답)

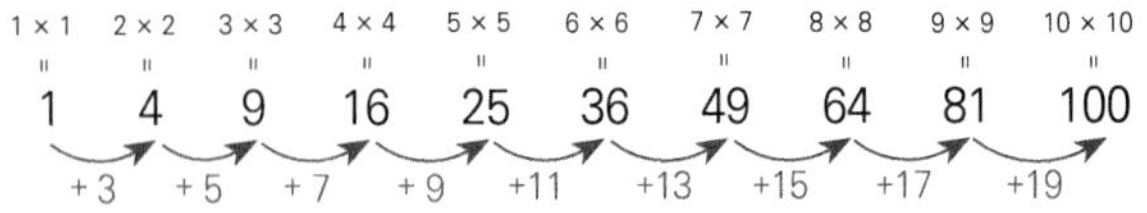

(그림)

대표문제2 확인하기 2 .... P. 15

[정답] 104

[풀이 과정]

1) 아래와 같이 일정하게 7씩 더하는 규칙이 있습니다.

2) (표)와 같이 두 번째 수부터 여섯 번째 수까지 일정하게 더하는 수인 7과 첫 번째 수인 6을 이용해 나타냅니다.
3) 따라서 15번째 수는 6에다 7을 14번 더하므로 6 + 7 × 14 = 104입니다. (정답)

두 번째 수	6 + 7 = 6 + 7 × 1
세 번째 수	6 + 7 + 7 = 6 + 7 × 2
네 번째 수	6 + 7 + 7 + 7 = 6 + 7 × 3
다섯 번째 수	6 + 7 + 7 + 7 + 7 = 6 + 7 × 4
여섯 번째 수	6 + 7 + 7 + 7 + 7 + 7= 6 + 7 × 5

(표)

연습문제 01 .... P. 16

[정답] 여섯 번째 수 = 19, 9 번째 수 = 40

[풀이 과정]

1) (그림)과 같이 더해지는 수가 1, 2, 3, 4, 5 …으로 1씩 커집니다.
2) 규칙에 따라 5번째에서 6번째로 갈 때, 6번째 수는 14 + 5 = 19입니다. 또한, 8번째에서 9번째로 갈 때, 9번째 수는 32 + 8 = 40입니다.
3) 따라서 6번째 수는 19이고 9번째 수는 40입니다.

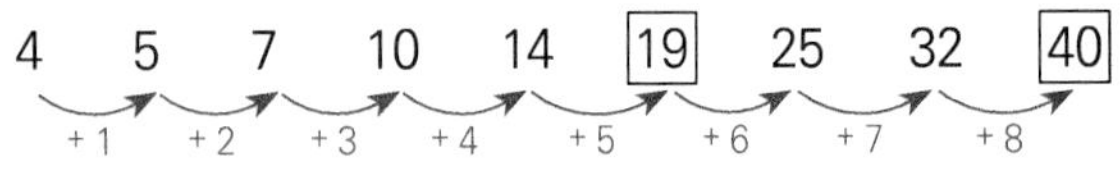

(그림)

연습문제 02 ······ P. 16

[정답] 세 번째 분수 = $\frac{31}{40}$, 여섯 번째 분수 = $\frac{311}{320}$

[풀이 과정]

1) (그림)과 같이 빈칸에 ⓐ부터 ⓓ까지 표시합니다. 분모의 규칙은 차례대로 2배씩 늘어나고 분자의 규칙은 앞의 분수의 분모와 분자를 합한 값입니다. 이 외에도 모든 분수에서 분모와 분자의 차가 9가 되는 규칙이 있습니다.
2) 두 번째 분수에서 세 번째 분수로 갈 때, ⓐ = 11 + 20 = 31이 되고 ⓑ = 20 × 2 = 40이 됩니다. 다섯 번째 분수에서 여섯 번째 분수로 갈 때, ⓒ = 151 + 160 = 311이 되고 ⓓ = 160 × 2 = 320이 됩니다.
3) 따라서 세 번째 = $\frac{31}{40}$, 여섯 번째 분수 = $\frac{311}{320}$ 입니다.

$\frac{1}{10}$ $\frac{11}{20}$ $\frac{ⓐ}{ⓑ}$ $\frac{71}{80}$ $\frac{151}{160}$ $\frac{ⓒ}{ⓓ}$

(1 + 10, 11 + 20, ⓐ + ⓑ, 71 + 80, 151 + 160 / × 2, × 2, × 2, × 2, × 2)

(그림)

연습문제 03 ······ P. 16

[정답] 192

[풀이 과정]

1) (그림 1)과 같이 홀수 번째 항인 5, 13, 21, 29는 8씩 커지고 짝수 번째 항인 6, 12, 24, 48 은 2배씩 커집니다.

5 6 13 12 21 24 29 48

(× 2, × 2, × 2 / + 8, + 8, + 8)

(그림 1)

2) 12번째 수는 짝수 번째 항이므로 (그림 2)에서 여섯 번째 항을 찾습니다.
3) 따라서 12번째 수는 192입니다.

6 12 24 48 96 192

(× 2, × 2, × 2, × 2, × 2)

(그림 2)

연습문제 04 ······ P. 17

[정답] 15

[풀이 과정]

1) (그림 1)과 같이 숫자들을 4개씩 괄호로 묶어 생각합니다. 괄호 안에 있는 4개의 숫자는 파란색 화살표에 따라 1씩 더해지고 괄호의 맨 앞 숫자는 빨간색 화살표에 따라 2씩 더해집니다. 이 외에도 (그림 2)와 같이 괄호를 사용하지 않고 1을 3번 더한 후 1을 빼는 패턴을 찾을 수 있습니다.

(3 4 5 6) (5 6 7 8) (7 8 9 10) (9 10 11 12) ···

(+1 +1 +1 / + 2, + 2, + 2)

(그림 1)

3 4 5 6 5 6 7 8 7 8 9 10 9 10 11 12 ···

(+1 +1 +1 / −1, −1, −1)

(그림 2)

2) (그림 1)에서 16번째 수까지 적었으므로 9개의 숫자를 더 적으면 25번째 수를 찾을 수 있습니다. 규칙에 따라 17번째 수부터 28번째 수를 적으면 (11, 12, 13, 14), (13, 14, 15, 16), (15, 16, 17, 18) 입니다. 25번째 수는 15입니다.

연습문제 05 ······ P. 17

[정답] 121명

[풀이 과정]

1) (표)와 같이 처음 편지를 받은 사람 수보다 3배가 늘어나고 그 다음에도 3배가 늘어납니다.
2) 따라서 4시간 뒤 행운의 편지를 받은 사람은 총 1 + 3 + 9 + 27 + 81 = 121명입니다.

시간	0 시간	1 시간	2 시간	3 시간	4 시간
편지를 받은 사람	1	3	9	27	81

(× 3, × 3, × 3, × 3)

연습문제 06 ······ P. 17

[정답] 77

[풀이 과정]

1) (그림)과 같이 숫자 5개씩 반복됩니다. 첫 번째 수부터 5번째 수까지 합을 구하면 1 + 5 + 3 + 2 = 11입니다. 첫 번째 수부터 10번째 수까지 합은 10 ÷ 5 = 2 이므로 11 + 11 = 11 × 2 = 22입니다. 첫 번째 수부터 15번째 수까지 합은 15 ÷ 5 = 3이므로 11 + 11 + 11 = 11 × 3 = 33입니다.
2) 따라서 첫 번째 수부터 35번째 수까지 합은 35 ÷ 5 = 7 이므로 11 × 7 = 77입니다.

1 0 5 3 2 1 0 5 3 2 1 0 5 ···

(1 + 5 + 3 + 2 = 11, 1 + 5 + 3 + 2 = 11)

(그림)

연습문제 07 P. 18

[정답] 6

[풀이 과정]

1) (그림)과 같이 숫자를 1개, 2개, 3개, 4개, 5개씩 묶습니다. 각 묶음 안에 숫자들은 2로 시작하고 2씩 더해지는 규칙이 있습니다.
2) (그림)에서 15번째 수까지 적었으므로 9개의 숫자를 더 적으면 24번째 수를 찾을 수 있습니다. 규칙에 따라 16번째 수부터 24번째 수를 적으면 (2, 4, 6, 8, 10, 12), 2, 4, 6입니다.
3) 따라서 24번째 수는 6입니다. (정답)

(그림)

연습문제 08 P. 18

[정답] 480

[풀이 과정]

1) (그림)과 같이 더해지는 수가 11, 12, 13, 14, 15, …으로 1씩 커집니다.
2) 따라서 무우가 가진 10장의 숫자 카드를 규칙대로 차례대로 나열하면 (그림)처럼 마지막에 놓는 숫자 카드는 480입니다. (정답)

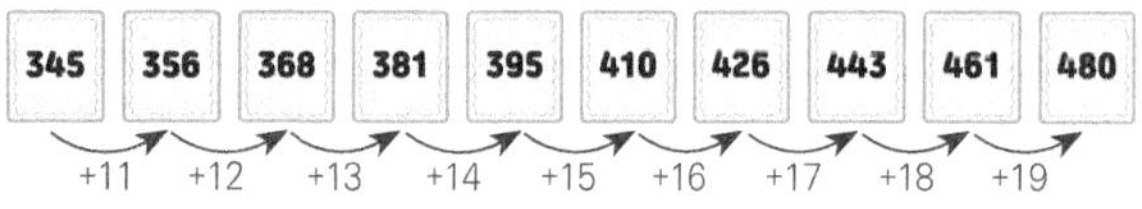

(그림)

연습문제 09 P.19

[정답] $\frac{56}{43}$

[풀이 과정]

1) (그림)과 같이 분모는 4씩 커지고 분자는 더해지는 수가 2, 3, 4, 5, 6으로 1씩 커집니다.
2) 따라서 규칙에 따라 10번째 분수는 $\frac{56}{43}$ 입니다. (정답)

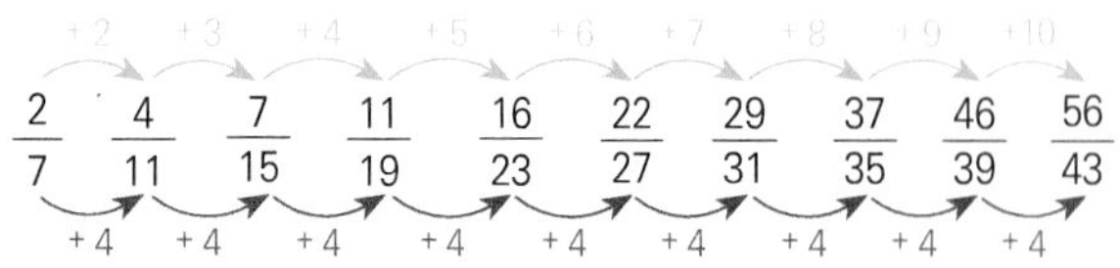

(그림)

연습문제 10 P.19

[정답] 55개

[풀이 과정]

1) (그림 1)과 같이 다섯 달 후에 딸 수 있는 사과는 모두 5개입니다. 각 달의 사과 개수를 구하면 (그림 2)와 같습니다. 이 규칙은 피보나치수열로 앞의 두 수를 더한 합이 그 다음 수가 되는 규칙입니다.
2) 따라서 열 달 후에 딸 수 있는 사과는 모두 55개입니다. (정답)

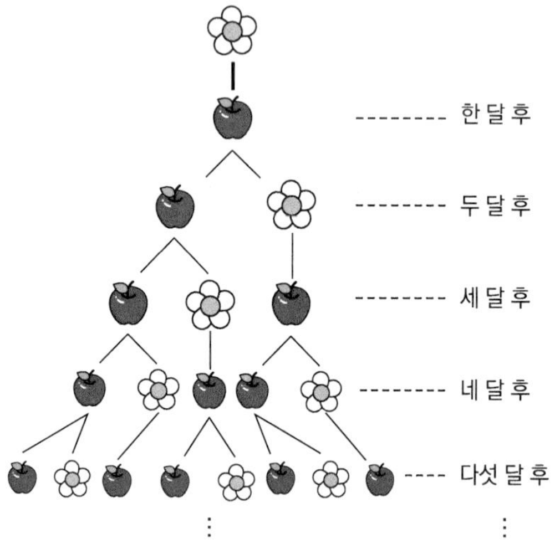

(그림 1)

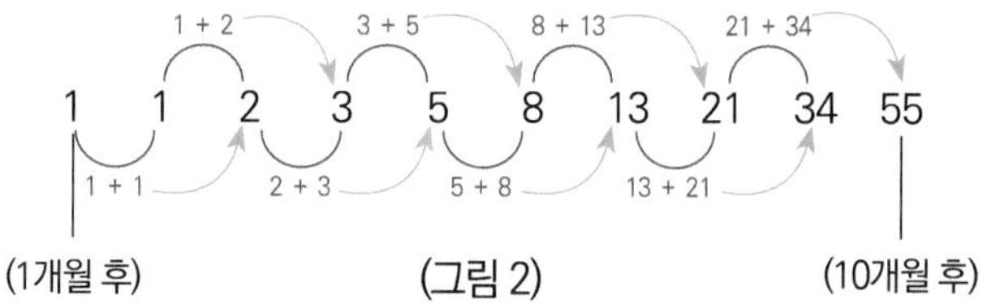

(그림 2)

심화문제 01 P. 20

[정답] 373

[풀이 과정]

1) (그림)과 같이 이 수들의 규칙은 앞의 세 수를 더한 합이 그 다음 수가 되는 규칙입니다. 빨간색 화살표를 따라가며 계산하면 2, 3, 1, 6, 10, 17, 33, 60, 110, 203, 373으로 11번째 수를 구할 수 있습니다.
2) 따라서 11번째 수는 373입니다. (정답)

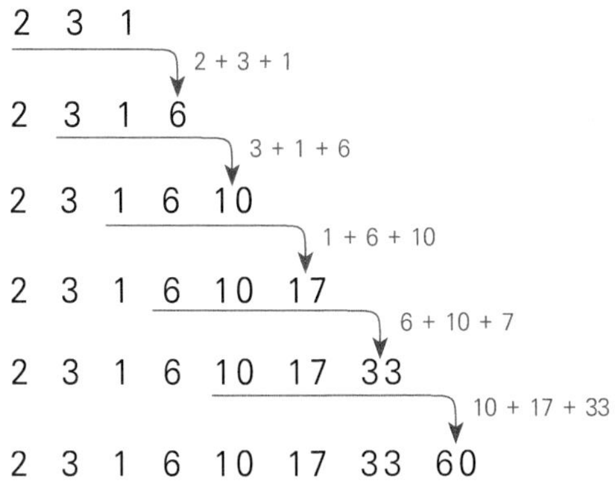

(그림)

심화문제 02 ············ P. 20

[정답] 9번째

[풀이 과정]

1) (그림)과 같이 첫 번째 분수에서 두 번째 분수로 넘어갈 때, 두 번째 분모는 첫 번째 분자가 오고 두 번째 분자는 첫 번째 분수의 (분모 - 분자)를 한 것입니다.
2) 따라서 규칙을 반복하여 분자가 1이 처음되는 분수는 9번째에 나옵니다. (정답)

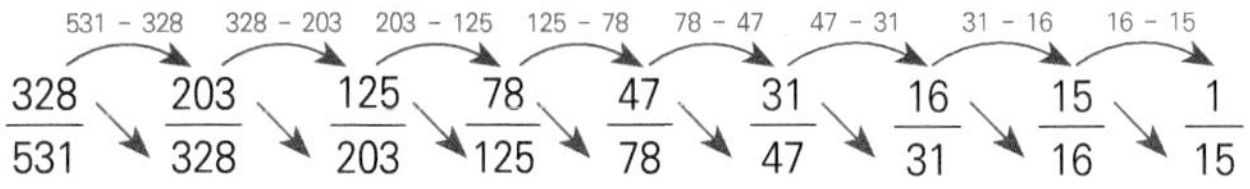

(그림)

심화문제 03 ············ P. 21

[정답] 12번째

[풀이 과정]

1) (그림)과 같이 첫 번째 수에서 두 번째 수로 3이 나눠지고 두 번째 수에서 세 번째 수로 2로 곱해집니다. 또한, 세 번째 수에서 네 번째 수로 3이 곱해집니다. ÷ 3과 × 2가 서로 번갈아 가며 계산되는 규칙입니다.
2) 규칙에 따라 11번째 수가 32가 되고 3으로 나누어떨어지지 않으므로 12번째 수는 자연수가 안 됩니다. 따라서 12번째에 처음으로 자연수가 나오지 않습니다. (정답)

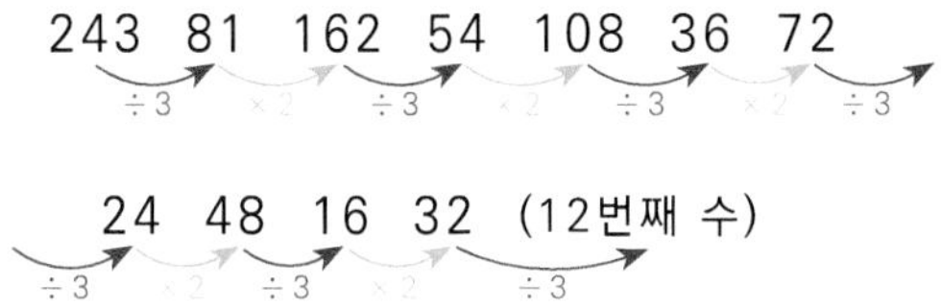

(그림)

심화문제 04 ············ P. 22

[정답] 13장

[풀이 과정]

1) (그림)과 같이 홀수 번째 숫자 카드와 짝수 번째 숫자 카드의 규칙이 서로 다릅니다. 홀수 번째 숫자 카드는 11, 15, 19 …으로 4씩 늘어나고 짝수 번째 숫자 카드는 2, 8, 14 …으로 6씩 늘어납니다.
2) 무우가 가진 1부터 50까지 적힌 숫자 카드를 규칙에 따라 나열하면 (그림)과 같이 총 19장의 숫자 카드를 사용합니다.
3) 따라서 무우가 새로 추가한 숫자 카드는 19 - 6 = 13장입니다. (정답)

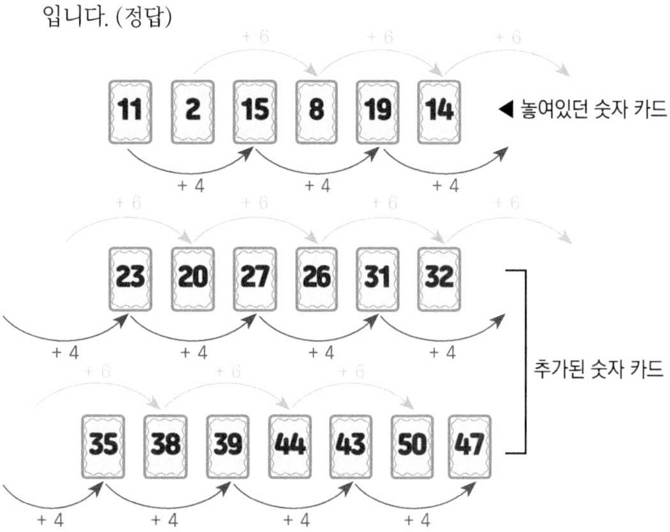

(그림)

심화문제 05 ············ P. 23

[정답] 12번째

[풀이 과정]

1) (그림 1)과 같이 홀수 번째 순서쌍과 짝수 번째 순서쌍의 규칙은 서로 같습니다. 홀수 번째 순서쌍 (2, 1), (4, 2), (8, 4), (16, 8) …와 짝수 번째 순서쌍 (3, 1), (6, 2), (12, 4), … 은 모두 2배씩 커집니다. 이 외에도 (그림 2)와 같이 첫 번째 순서쌍 (2, 1)에서 두 번째 순서쌍으로 갈 때, 두 번째 순서쌍의 3은 앞의 순서쌍의 두 수의 합이고 1은 앞의 순서쌍의 두 수의 차입니다.
2) 따라서 <그림 1, 2>의 규칙에 따라 (96, 32)는 12번째에 나옵니다. (정답)

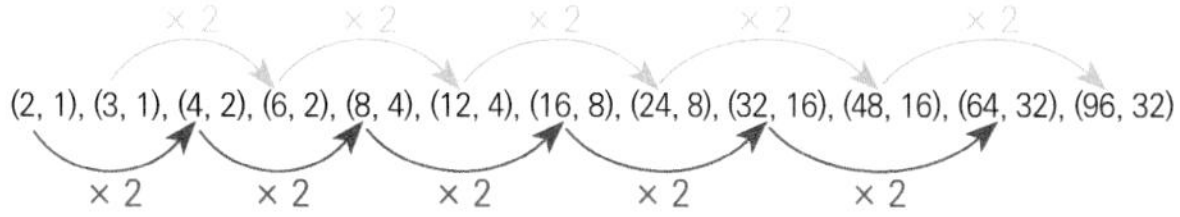

(그림 1)

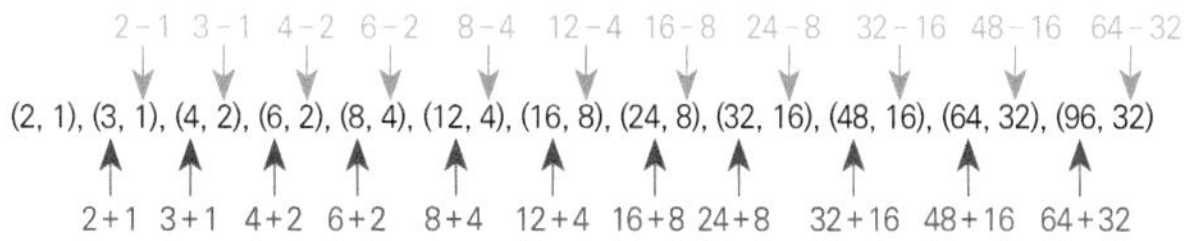

(그림 2)

창의적문제해결수학 **01** .... P. 24

[정답] 총 16개, 차례대로 8, 13, 12, 22

[풀이 과정]

1) 주어진 그림에서 왼쪽 구슬의 적힌 수는 3, 4, 5, 7이고 오른쪽 구슬의 적힌 수는 17, 34, 23, 49, 30, 67, 38, 88입니다. 만약 왼쪽 구슬에서 + 1이 두 번이고 + 2가 한 번인 규칙이라면 오른쪽 구슬에서도 만족해야 합니다. 하지만 오른쪽 구슬의 적힌 수는 + 1이 두 번, + 2가 한 번인 규칙에 만족하지 않습니다. 따라서 홀수 번째 구슬과 짝수 번째 구슬로 나눠서 생각해야 합니다.

2) 마지막 구슬인 88부터 한 구슬씩 건너 생각하여 규칙을 찾으면 (그림 1)과 같습니다. 앞부분의 수를 채우면 4와 7을 만나게 됩니다. 파란색 물감안에는 13, 22가 적힌 구슬이 들어갑니다.

4 7 13 22 34 49 67 88

+3 +6 +9 +12 +15 +18 +21

(그림 1)

3) 나머지 숫자 구슬인 3, 5, 17, 23, 30, 38의 규칙을 찾습니다. (그림 2)과 같이 파란색 물감 안에는 5 + 3 = 8과 8 + 4 = 12가 들어갑니다. 그러면 12 + 5 = 17을 만족합니다. 파란색 물감 안에는 8, 12가 적힌 구슬이 들어갑니다.

3 5 8 12 17 23 30 38

+2 +3 +4 +5 +6 +7 +8

(그림 2)

4) 따라서 파란색 물감 안에는 〈완성 그림〉과 같이 8, 13, 12, 22 순서대로 구슬이 있습니다. 목걸이에는 총 4 + 4 + 8 = 16개의 구슬이 있습니다.

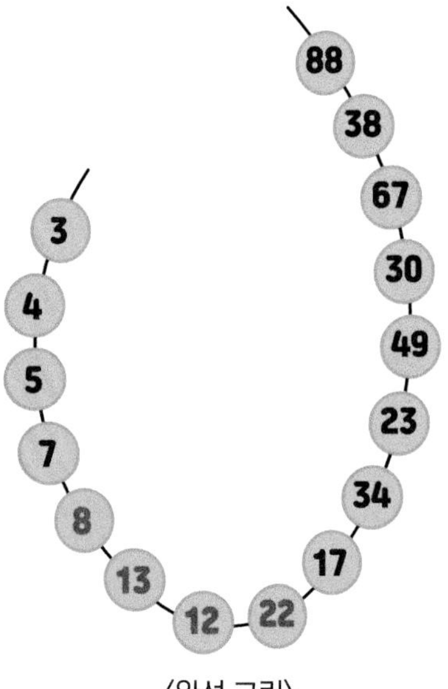

〈완성 그림〉

창의적문제해결수학 **02** .... P. 25

[정답] 규칙: 풀이 과정 참조, 10행 수의 합 : 512

[풀이 과정]

1) 〈파스칼의 삼각형〉에는 각 행의 맨 처음과 맨 끝에 1을 쓰고, 3행부터 위의 두 수를 합한 결과를 가운데 아래에 쓰는 규칙이 있습니다. 대각선에 찾은 규칙은 아래와 같습니다.

2) 대각선에 찾은 규칙은 아래와 같습니다.
대각선 A의 방향에 적힌 수들은 1, 2, 3, 4, 5로 1씩 증가하는 규칙입니다.
대각선 B의 방향에 적힌 수들은 1, 3, 6, 10으로 2, 3, 4씩 증가하는 규칙입니다.
대각선 C의 방향에 적힌 수들은 1, 4, 10, 20으로 1, 1 + 3, 1 + 3 + 6, 1 + 3 + 6 + 10이 되는 규칙입니다.

3) 또한, 각 행의 적힌 수들을 합하면 1, 2, 4, 8, 16, 32와 같이 2배씩 커지는 규칙을 찾을 수 있습니다.

4) 따라서 (표)와 같이 10행에서 모든 수의 합은 512입니다. 이 외에도 7행부터 10행까지 숫자를 모두 적어서 10행의 각 수를 직접 더해서 계산해도 됩니다.

각 행	1행	2행	3행	4행	5행	6행	7행	8행	9행	10행
수의 합	1	2	4	8	16	32	64	128	256	512

× 2 × 2 × 2 × 2 × 2 × 2 × 2 × 2 × 2

(표)

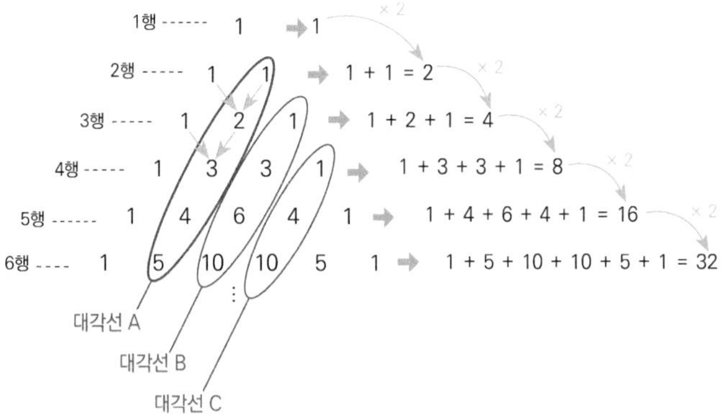

〈파스칼의 삼각형〉

2. 도형 패턴

표지문제 ··· P. 26

[정답] 풀이 과정 참조

[풀이 과정]

1) (그림)과같이 가운데 정육각형을 기준으로 나머지 5개의 조각이 시계 방향으로 한 칸씩 움직입니다. 따라서 아래의(정답)과 같이 5번째 도형을 그릴 수 있습니다.

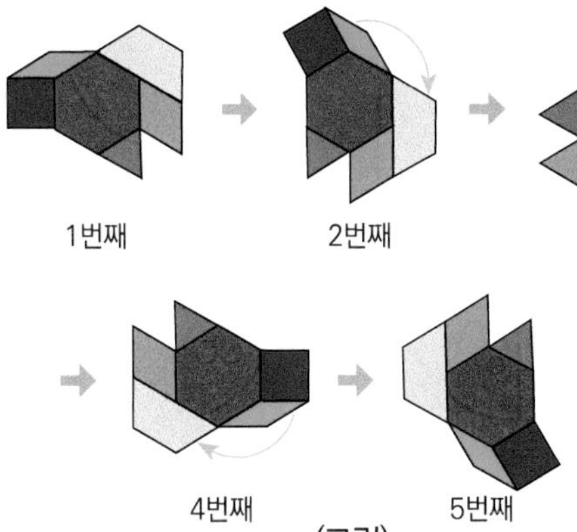

(그림)

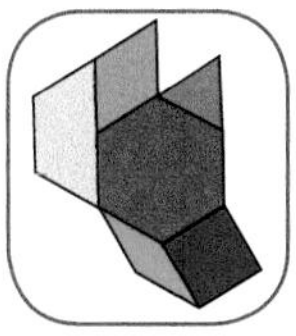

(정답)

대표문제1 확인하기 1 ··· P. 31

[정답] 1개의 삼각형 (△)

[풀이 과정]

1) (그림)에서 도형의 개수와 모양을 구합니다. 도형의 개수는 2, 2, 1, 3, 2, 2, 1, 3, 2, 2, 1, 3 … 입니다. 도형의 개수에서 반복되는 마디는 (2, 2, 1, 3)입니다.

1) 도형의 모양은 ○, □, △, ○, □, △, ○, □, △, … 입니다. 도형의 모양에서 반복되는 마디는 (○, □, △)입니다.

1) 13번째부터 15번째까지 도형의 개수는 (2, 2, 1) 개입니다. 도형의 모양은 (○, □, △)입니다. 따라서 (그림)과 같이 15번째에 나오는 도형은 1개의 삼각형입니다.

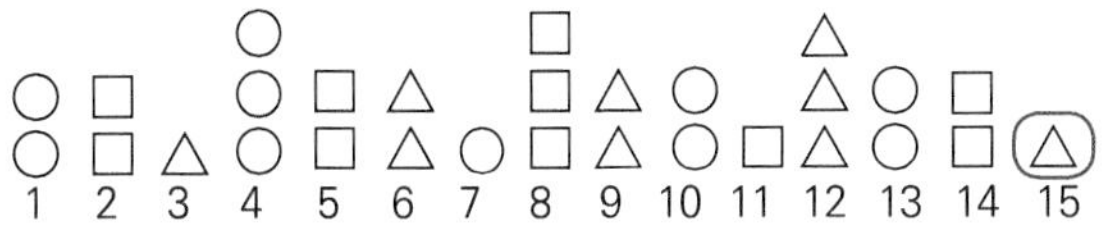

(그림) (정답)

대표문제1 확인하기 2 ··· P. 31

[정답] 풀이 과정 참조

[풀이 과정]

1) 윗줄에서 도형의 크기, 모양, 색칠된 규칙 마디를 찾습니다. 도형의 크기는 (작다, 크다) 순서로 반복됩니다.

2) 도형의 모양은 (□, △, ◇) 순서로 반복됩니다. 색칠된 도형은 (검은색, 흰색, 흰색, 흰색) 순서로 반복됩니다. 9번째와 10번째 도형을 보고 11번째 도형을 찾습니다. 따라서 11번째 도형은 (그림)과 같이 작은 흰색 삼각형입니다.

3) 아래 줄에서 도형의 모양, 색칠된 규칙 마디를 찾습니다. 도형의 모양은 (○, ☆, □, ○) 순서로 반복됩니다. 다음 색칠된 도형은 (흰, 흰, 검) 순서로 반복됩니다. 9번째와 10번째 도형을 보고 11번째 도형을 찾습니다. 따라서 11번째 도형은 (그림)과 같이 흰색 사각형입니다.

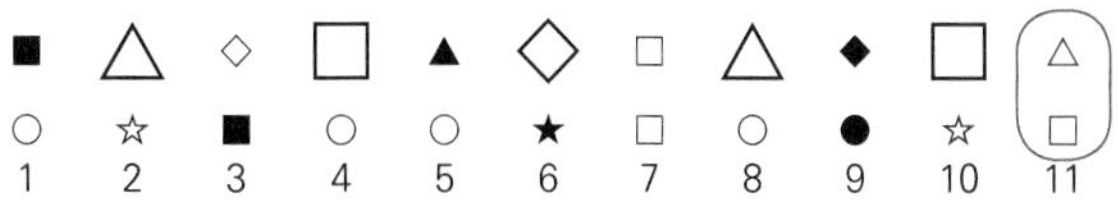

(그림) (정답)

대표문제2 확인하기 ··· P. 33

[정답] 풀이 과정 참조

[풀이 과정]

1) (그림)과 같이 첫 번째 도형에서 5번째 도형으로 갈 때, 색칠된 칸수는 1개씩 늘어납니다. 또한, 앞의 도형에서 시계 방향으로 한 칸 이동한 곳부터 색칠합니다.

2) 따라서 (정답)과 같이 6번째 도형을 완성할 수 있습니다.

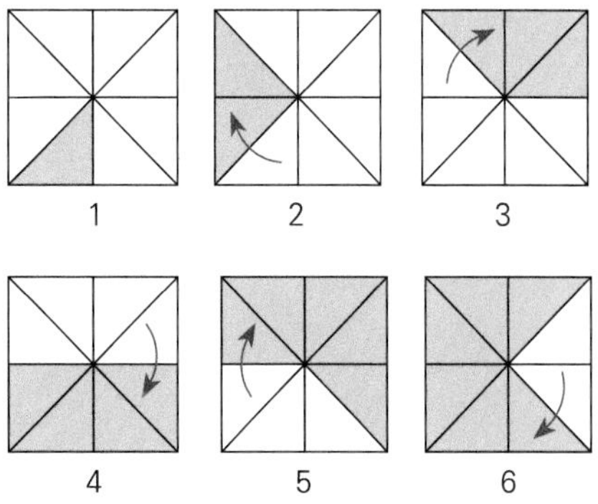

(그림)

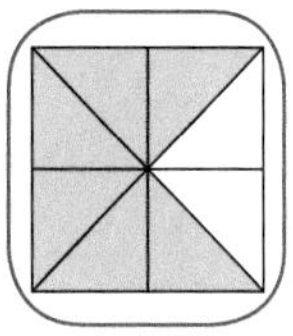

(정답)

연습문제 01 ······ P. 34

[정답] 작은 마름모 (◇)

[풀이 과정]

1) 도형의 크기, 모양의 규칙 마디를 찾습니다. 홀수 번째 도형의 크기는 작고, 짝수 번째 도형은 큽니다. 도형의 모양은 (□, △, ◇, ▲, ○) 순서로 반복됩니다. 13번째는 홀수 번째이므로 크기가 작습니다.

2) (그림)과 같이 13개의 도형을 5개씩 묶으면 나머지 3개의 도형이 남습니다. 13번째 도형은 (□, △, ◇, ▲, ○)에서 3번째인 "마름모"가 됩니다. 따라서 13번째 도형은 작은 마름모입니다.

(그림) (정답)

연습문제 02 ······ P. 34

[정답] 풀이 과정 참조

[풀이 과정]

1) (그림)과 같이 색칠한 두 부분은 각각 시계 방향과 반 시계 방향으로 한 칸씩 움직입니다. 따라서 4번째 도형은 2번째 도형과 같게 색칠하면 됩니다.

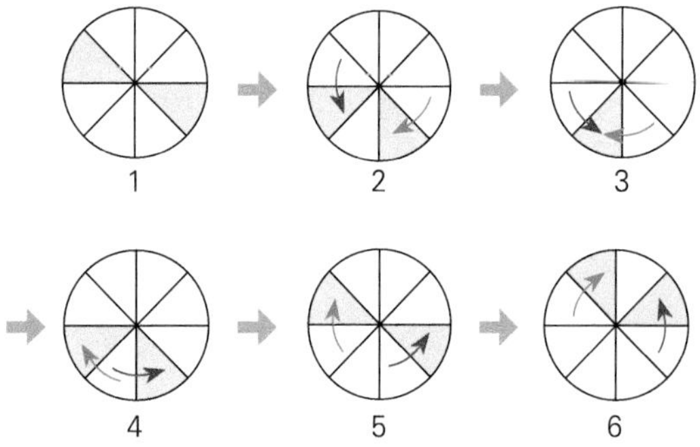

(그림)

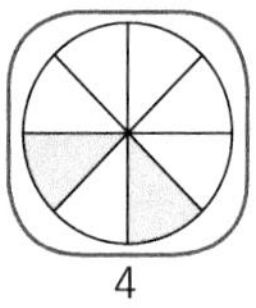

(정답)

연습문제 03 ······ P. 34

[정답] 풀이 과정 참조

[풀이 과정]

1) 반 시계 방향으로 한 칸씩 가면서 색칠하였고 도형은 시계 방향으로 한 칸씩 움직입니다. 각 칸에 그리는 도형의 개수는 정해져 있습니다.

2) 따라서 (정답)과 같이 원 안의 도형을 규칙에 맞게 그릴 수 있습니다.

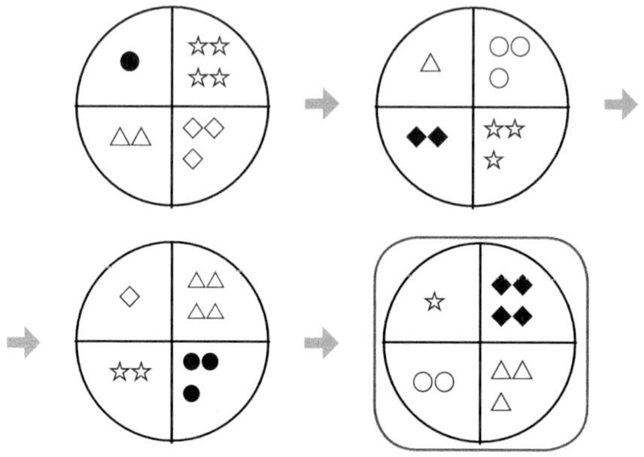

(정답)

연습문제 04 ······ P. 35

[정답] 풀이 과정 참조

[풀이 과정]

1) 도형의 모양, 색깔의 규칙 마디를 찾습니다. 도형의 모양은 (○, ○, △, △, □) 순서로 반복됩니다. 도형의 색깔은 (빨간색, 파란색, 노란색) 순서로 반복됩니다.

2) 14번째 도형부터 18번째 도형까지의 색깔은 (파란색, 노란색, 빨간색, 파란색, 노란색)이고 도형의 모양은 (△, □, ○, ○, △)입니다.

3) 따라서 (정답)과 같이 나머지 5개의 도형을 그릴 수 있습니다.

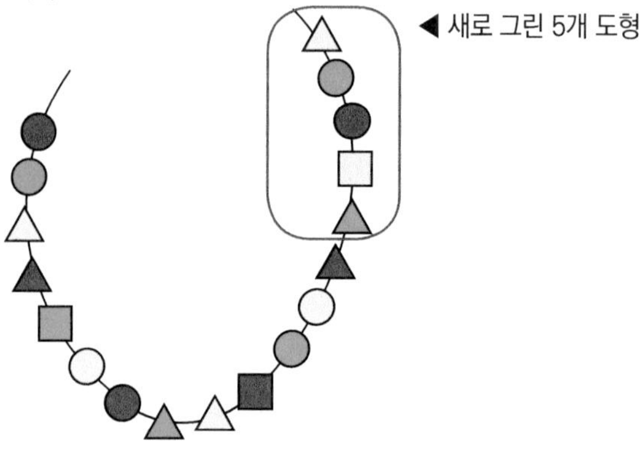

(정답)

연습문제 05 ········· P. 35

[정답] 풀이 과정 참조

[풀이 과정]

1) (그림)과 같이 밖에 색칠된 부분은 시계 방향으로 3칸씩 움직이고 안에 색칠된 부분은 반 시계 방향으로 2칸씩 움직입니다. 따라서 5번째 도형을 같은 규칙에 따라 완성할 수 있습니다.

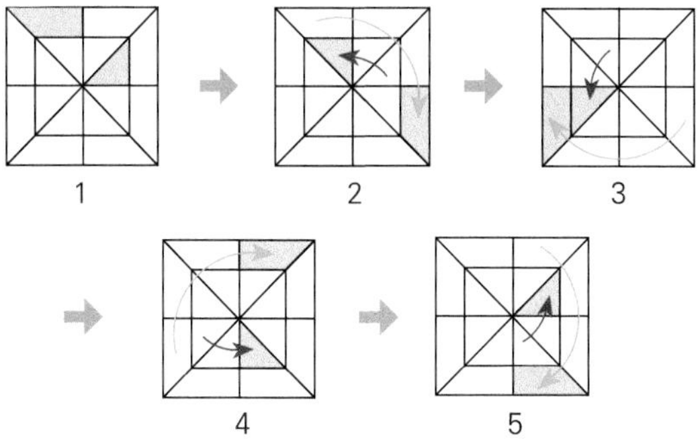

(그림)

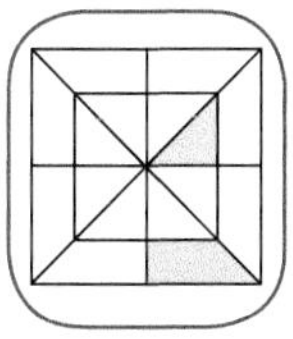
(정답)

연습문제 06 ········· P. 35

[정답] 풀이 과정 참조

[풀이 과정]

1) 주어진 도형을 2개씩 차례대로 묶으면 (삼각형, 오각형), (사각형, 육각형), (5번째 도형, 칠각형)이 됩니다. 각 묶음에서 변의 개수가 2씩 늘어납니다. 5번째 도형은 오각형이 됩니다.
2) 따라서 (정답)처럼 5번째 도형을 그릴 수 있습니다.

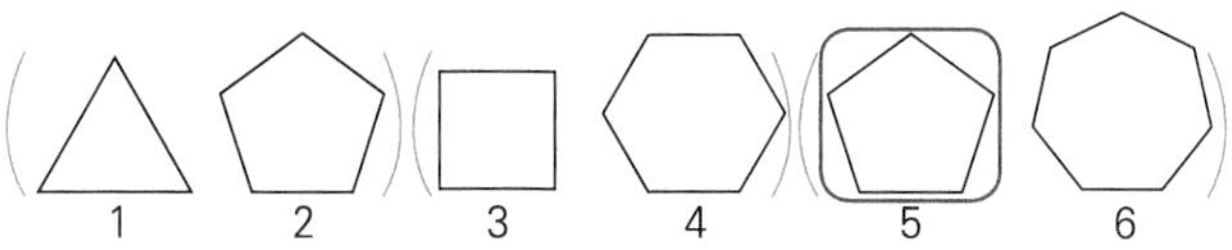

(그림) (정답)

연습문제 07 ········· P. 36

[정답] 풀이 과정 참조

[풀이 과정]

1) (그림)과 같이 첫 번째 도형에서 5번째 도형으로 갈 때, 앞의 도형에서 색칠된 칸을 이어서 그리되 한 칸씩 늘려서 색칠합니다.
2) 따라서 (정답)과 같이 6번째 도형을 완성할 수 있습니다.

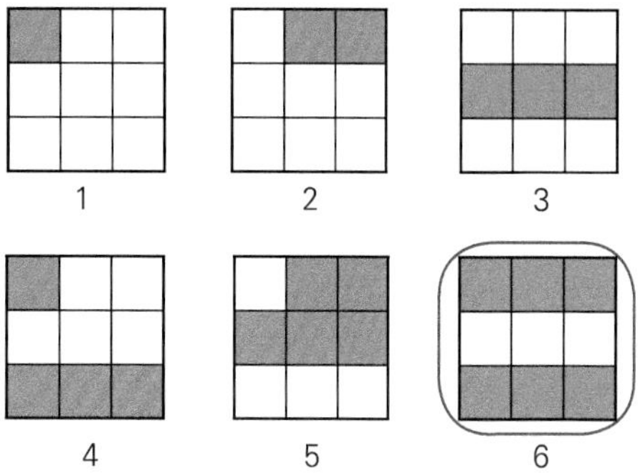

(그림) (정답)

연습문제 08 ········· P. 36

[정답] 풀이 과정 참조

[풀이 과정]

1) (그림)과 같이 파란색 화살표를 따라 삼각형의 꼭짓점에 색칠된 부분은 시계 방향으로 회전합니다. 반대로, 빨간색 화살표를 따라 2개의 삼각형이 색칠된 부분은 반 시계 방향으로 한 칸씩 이동합니다.
2) 따라서 같은 규칙으로 (정답)처럼 6번째 그림을 완성할 수 있습니다.

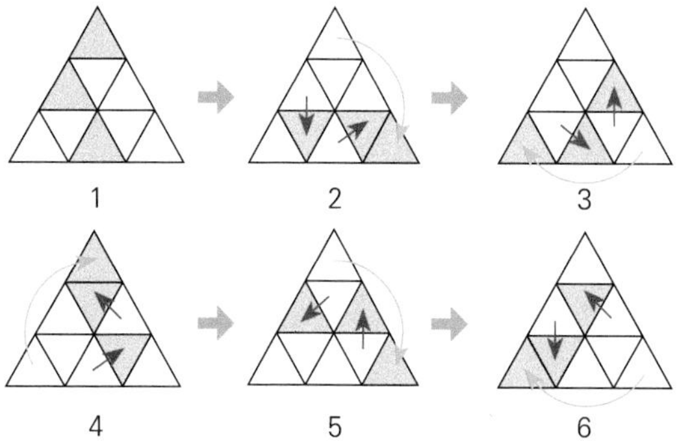

(그림)

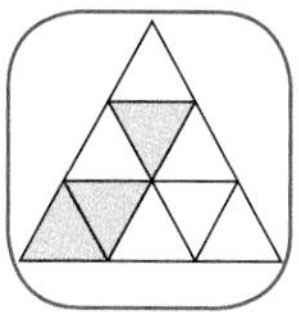
(정답)

연습문제 **09** .... P. 37

[정답] 풀이 과정 참조

[풀이 과정]

1) (그림)에서 규칙은 첫 번째에서 2번째로 갈 때, 원의 중심을 기준으로 대칭이 됩니다. 3번째 도형은 두 번째 도형을 원의 중심으로 대칭한 후 반 시계 방향으로 2칸 떨어진 곳을 색칠한 모양입니다.

2) 5번째 도형을 원의 중심을 기준으로 대칭한 모양이 6번째 도형입니다.

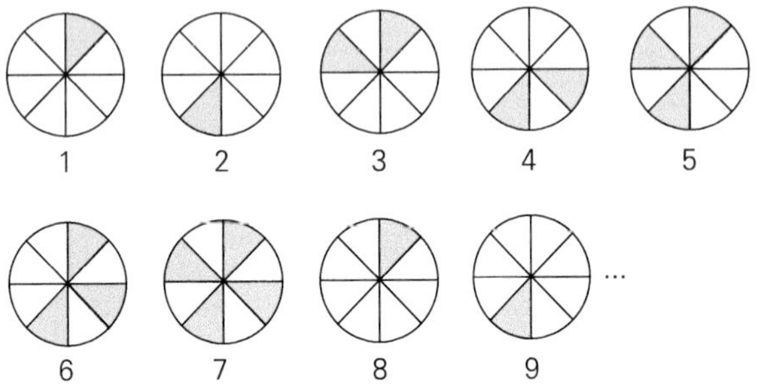

(그림)

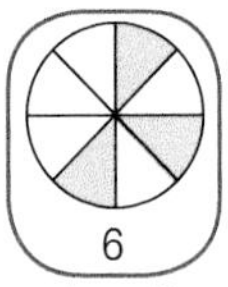

(정답)

연습문제 **10** .... P. 37

[정답] 흰 돌 2개

[풀이 과정]

1) 도형의 개수와 색깔의 규칙을 각각 찾습니다. 도형의 개수는 (2, 3, 2, 1) 개로 반복됩니다. 도형의 색깔은 (흰, 검, 검, 흰, 검)으로 반복됩니다.

2) 규칙에 따라 (그림)과 같이 13번째부터 21번째까지 검은 돌 10개를 모두 놓고 흰 돌은 8개를 놓을 수 있습니다. 따라서 마지막에 흰 돌 2개가 남습니다.

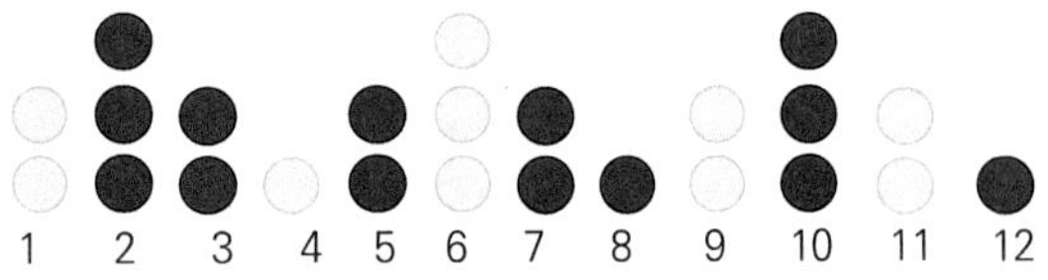

▲ 놓여있던 돌

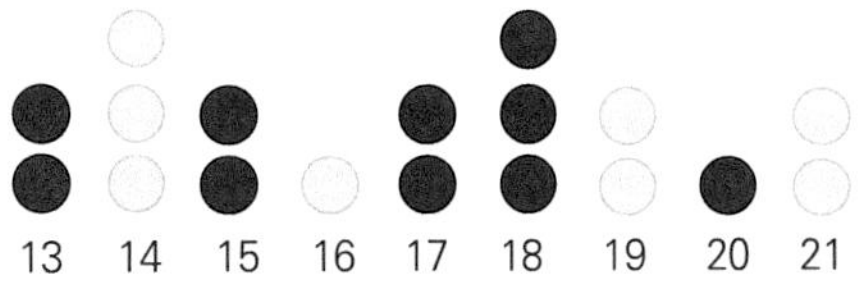

▲ 추가된 돌

심화문제 **01** .... P. 38

[정답] 풀이 과정 참조

[풀이 과정]

1) 가로줄 ⓐ부터 ⓓ까지는 각각 삼각형, 사각형, 원, 마름모로 한 가지 도형만 그리는 규칙입니다. 세로줄 ㉠은 네 종류의 도형이 모두 검은색입니다. 세로줄 ㉡은 네 종류의 도형의 반으로 나눈 후 왼쪽 부분만 검은색입니다. 반대로 세로줄 ㉢은 반으로 나눈 후 오른쪽 부분만 검은색입니다. 세로줄 ㉣은 네 종류의 도형이 모두 흰색입니다.

2) 규칙대로 빈칸을 채우면 (정답)과 같이 그릴 수 있습니다.

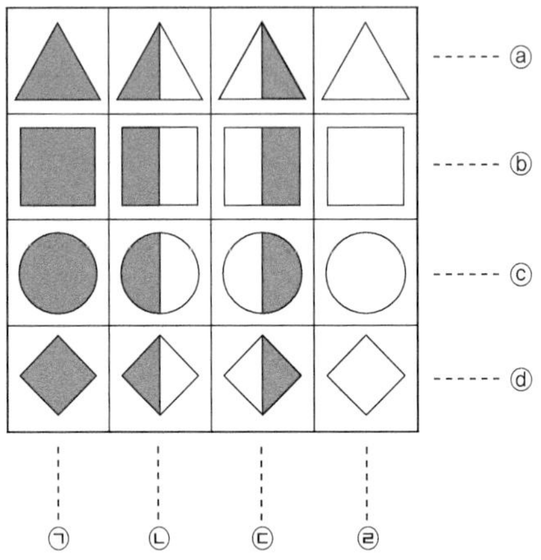

(정답)

심화문제 **02** .... P. 39

[정답] 풀이 과정 참조

[풀이 과정]

1) (그림)과 같이 첫 번째부터 5번째까지 앞의 도형을 이어서 색칠하되 한 칸씩 더해서 색칠합니다. 앞의 단계에서 이미 색칠된 부분이 있으면 반대로 흰색으로 색을 바꿔 줍니다.

2) 따라서 규칙에 따라 6번째 도형을 (정답)과 같이 색칠할 수 있습니다.

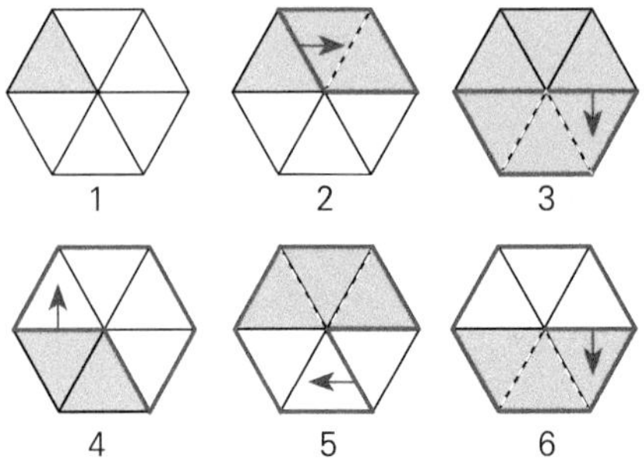

(그림)

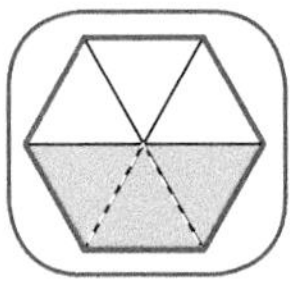
(정답)

심화문제 03 .... P. 40

[정답] 풀이 과정 참조

[풀이 과정]

(그림)과 같이 원에 적힌 숫자가 반시계 방향으로 한 칸씩 이동하면서 더하거나 빼는 숫자가 같습니다.
채워지는 숫자는 (1, 2, 3, 4), (2, 3, 4, 5), (3, 4, 5, 6) …입니다.
따라서 마지막 5번째 원에는 (정답)과 같이 수를 쓸 수 있습니다.

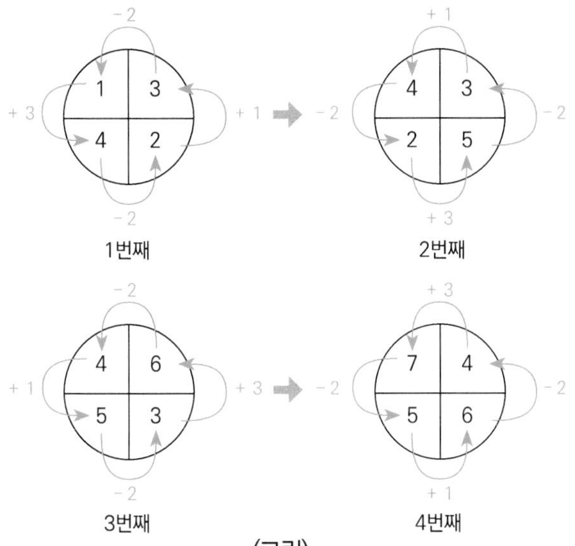

(그림)

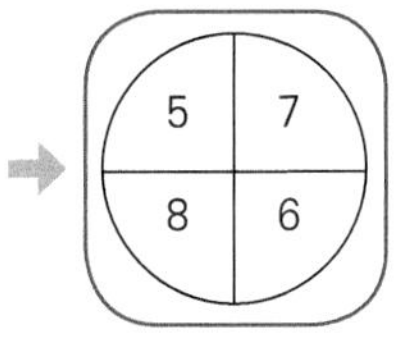

5번째

(정답)

심화문제 04 .... P. 41

[정답] 2

[풀이 과정]

1) 반복되는 숫자의 규칙은 (2, 1, 3, 0) 순서입니다. 숫자 개수의 규칙은 (2개, 3개, 1개, 2개, 4개) 순서입니다. 숫자의 색깔 규칙은 (검은색, 빨간색) 순서입니다.

2) 무우가 13번째 숫자 카드까지 놓고 120개를 더 놓으므로 총 13 + 120 = 133개의 숫자 카드를 놓습니다.

   숫자의 규칙에 따라 133 ÷ 4 = 33 … 1을 합니다. 나머지가 1이므로 숫자는 2입니다.

   숫자의 개수의 규칙에 따라 133 ÷ 5 = 26 … 3을 합니다. 나머지가 3이므로 숫자의 개수는 1개 입니다.

   숫자의 색깔 규칙에 따라 133 ÷ 2 = 66 … 1을 합니다. 나머지가 1이므로 숫자의 색깔은 검은색 입니다.

3) 위 방법 외에도 (그림)과 같이 14번째부터 23번째 숫자 카드를 나열하여 반복 마디를 찾습니다. 반복 마디는 첫 번째 숫자 카드부터 20번째 숫자 카드까지 반복되므로 133 ÷ 20 = 6 … 13을 하면 됩니다. 따라서 133번째 숫자 카드는 13번째 숫자카드와 같습니다.

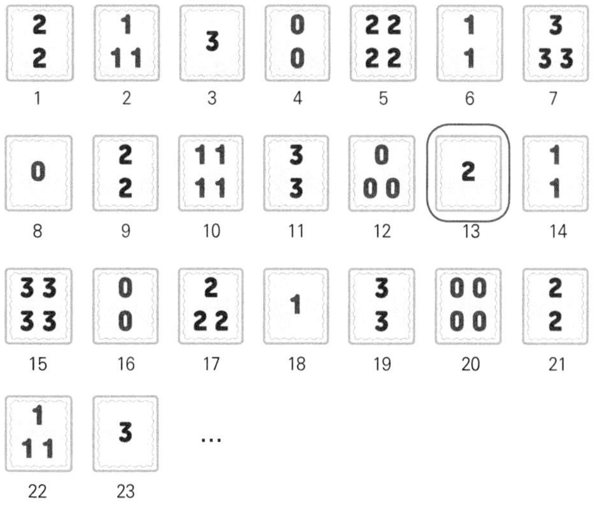

(그림)

(정답)

창의적문제해결수학 **01** ········ P. 42

[정답] 풀이 과정 참조

[풀이 과정]

1) (그림)과 같이 한 규칙 마디에 7개의 음표와 2개의 쉼표가 들어갑니다. 악보의 한 마디에는 음표 또는 쉼표가 총 5개가 들어갑니다.

2) 따라서 (정답)과 같이 규칙에 따라 음표와 쉼표를 그릴 수 있습니다.

(정답)

창의적문제해결수학 **02** ········ P. 43

[정답] 풀이 과정 참조

[풀이 과정]

1) (그림 1)와 같이 빨간색 사각형을 시계 방향으로 두 번 회전시킨 모양이 세 번째 도형이고 파란색 사각형을 시계 방향으로 두 번 회전시킨 모양이 빈칸에 들어갑니다.

2) 이 외에도 (그림 2)과 같이 빨간색 사각형을 시계 방향으로 회전시킨 후 회색은 노란색, 노란색은 회색으로 바꿔서 색칠합니다. 그 다음 사각형이 색칠되는 부분은 빨간색 사각형의 반대로 색칠하면 됩니다.

3) 위 규칙에 따라 마지막 빈칸에 보도블록을 (정답)처럼 채워 넣을 수 있습니다.

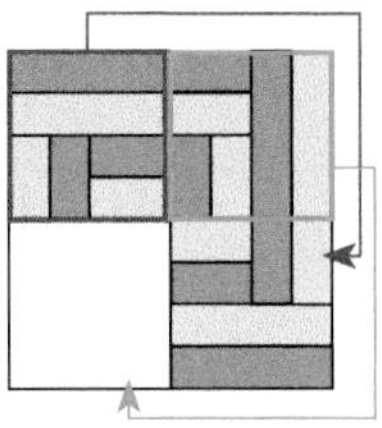

(그림 1)

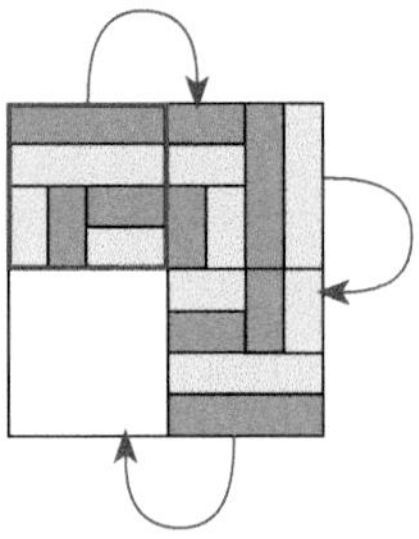

(그림 2)

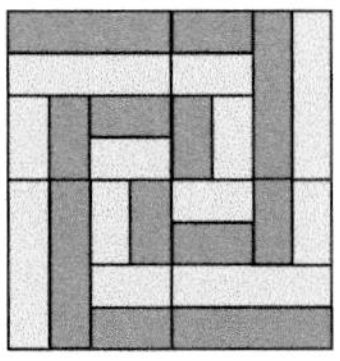

(정답)

3. 수 배열표

대표문제1 확인하기 ········ P. 49

[정답] ⓐ = 46, ⓑ = 51, ⓒ = 56

[풀이 과정]

1) (수 배열표)와 같이 가로 ㉠ 방향으로 1씩 커지고 세로 ㉡ 방향으로 6씩 커집니다. 대각선 ㉢, ㉣ 으로 각각 7과 5씩 커집니다.

2) (조각)의 45에서 ⓐ는 가로 방향으로 한 칸 이동했습니다.
ⓐ = 46입니다.
ⓑ는 45에서 세로 방향으로 한 칸 이동했습니다.
ⓑ = 45 + 6 = 51입니다.
ⓒ는 ⓑ에서 대각선 ㉣ 방향으로 한 칸 이동했습니다.
ⓒ = ⓑ + 5 = 51 + 5 = 56입니다.

3) 따라서 ⓐ = 46, ⓑ = 51, ⓒ = 56입니다. (정답)

㉢ ㉡ ㉣ ㉠

1	2	3	4	5	6
7	8	9	10	11	12
13	14	15	16	17	18
⋮	⋮	⋮	⋮	⋮	⋮
85	86	87	88	89	90

(수 배열표)

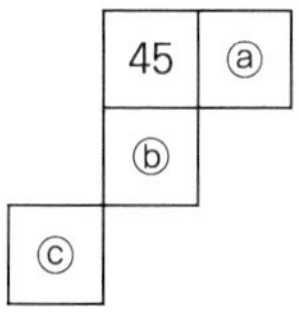

(조각)

대표문제2 확인하기 1 ········ P. 51

[정답] 4행 8열 = 45

[풀이 과정]

1) 홀수 번째 열인 1열, 3열, …에서 아래로 갈수록 1씩 커집니다. 짝수 번째 열인 2열, 4열, …에서 아래로 갈수록 1씩 작아집니다.

2) (표)와 같이 1행은 1, 12, 13, 24, …으로 11과 1씩 번갈아 가며 커집니다. 4행은 4, 9, 16, 21, …으로 5와 7씩 번갈아 가며 커집니다. 1행의 규칙에 따라 1행 8열까지 찾은 다음 짝수 번째 8열의 규칙에 따라 4행 8열을 찾습니다.
이외에도 4행의 규칙에 따라 4행 8열을 찾을 수 있습니다.

3) 따라서 (표)와 같이 4행 8열의 수는 45입니다. (정답)

	1열	2열	3열	4열	5열	6열	7열	8열
1행	1	12	13	24	25	36	37	48
2행	2	11	14	23	26			47
3행	3	10	15	22	27			46
4행	4	9	16	21	28	33	40	45
5행	5	8	17	20	29			
6행	6	7	18	19	30			

(표)

대표문제2 확인하기 2 P. 51

[정답] 8행 1열

[풀이 과정 1]

1) 홀수 번째 행인 1행, 3행, …은 오른쪽으로 한 칸씩 갈수록 1씩 작아집니다. 짝수 번째 행인 2행, 4행, …은 오른쪽으로 한 칸씩 갈수록 1씩 커집니다.

2) 1열의 수들은 (표)와 같이 1과 13씩 번갈아 가며 커집니다. 규칙적으로 계속 수를 적으면 7, 8, 21, 22, 35, 45, 49, 50, … 이 됩니다. 따라서 50은 8행 1열의 수입니다.

[풀이 과정 2]

수 배열표에 나오는 열의 개수가 일정하므로 50 ÷ (열의 개수)를 하면 됩니다. 50 ÷ 7 = 7 … 1이므로 7개의 행 이후 8번째 행에서 첫 번째 숫자가 50이 됩니다. 50은 8행 1열입니다.

<풀이 과정 3>

1) (표)에서 어두운 부분은 14로 나눈 나머지 입니다. 14로 나눈 나머지가 (1, 2, 3, 4, 5, 6, 7, 8, 9, 10, 11, 12, 13, 0)으로 한 마디씩 반복됩니다.

2) 패턴 마디 안에 14개의 수가 있으므로 50 ÷ 14 = 3 … 8입니다. 패턴 마디 3개가 나오면 총 3 × 2 = 6행이 됩니다. 그 후 나머지 8인 경우는 8행 1열 이므로 50은 8행 1열입니다.

	1열	2열	3열	4열	5열	6열	7열
1행	7	6	5	4	3	2	1
2행	8	9	10	11	12	13	14
3행	21	20	19	18	17	16	15
4행	22						
5행	35						
6행	36						
7행	49						
8행	50						

(표)

연습문제 01 P. 52

[정답] 풀이 과정 참조

[풀이 과정]

1) (그림)과 같이 빨간색 선분을 따라 1부터 1씩 늘어나는 규칙을 찾을 수 있습니다.

2) 따라서 규칙대로 (정답)에 나머지 숫자를 채워 완성할 수 있습니다.

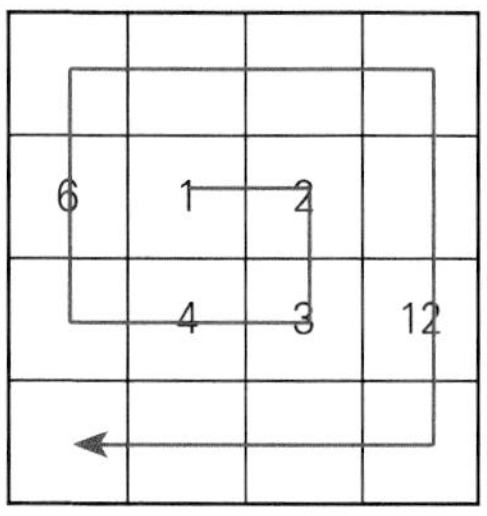

(그림)

7	8	9	10
6	1	2	11
5	4	3	12
16	15	14	13

(정답)

연습문제 02 P. 52

[정답] C

[풀이 과정]

1) (표)에서는 세로줄에서 아래로 갈수록 일의 자리 숫자가 일정하게 반복되는 규칙이 있습니다. B 줄에서 6, 30, 36, 60 …으로 일의 자리 숫자 6, 0, 6, 0이 반복됩니다. A와 F 줄의 경우 각각 일의 자리 숫자가 3과 8로 일정하게 나옵니다.

2) 주어진 수 99는 일의 자리 숫자가 9이므로 (표)에서 C와 같은 줄에 있습니다.

A	B	C	D	E	F
3	6	9	12	15	
	30	27	24	21	18
33	36	39	42	45	
	60	57	54	51	48

(표)

연습문제 03 ········· P. 52

[정답] A = 23일

[풀이 과정]

1) (달력)과 같이 2에서 아래로 한 칸씩 갈수록 7씩 커지므로 A = 2 + 7 + 7 + 7 = 23입니다. 20일에서 오른쪽으로 한 칸씩 갈수록 1씩 커지므로 A = 20 + 3 = 23입니다.
2) 따라서 A는 23일입니다.

일	월	화	수	목	금	토
		1	2	3	4	5
			9	10	11	12
			16		18	19
20	21	22	A			
27	28					

(달력)

연습문제 04 ········· P. 53

[정답] A = 33, B = 41, C = 49

[풀이 과정]

1) (그림)과 같이 빨간색 선분을 따라 1부터 2씩 늘어나는 규칙을 찾을 수 있습니다.
2) 규칙대로 (정답)에 나머지 숫자를 채워 완성할 수 있습니다. 따라서 A = 33, B = 41, C = 49입니다.

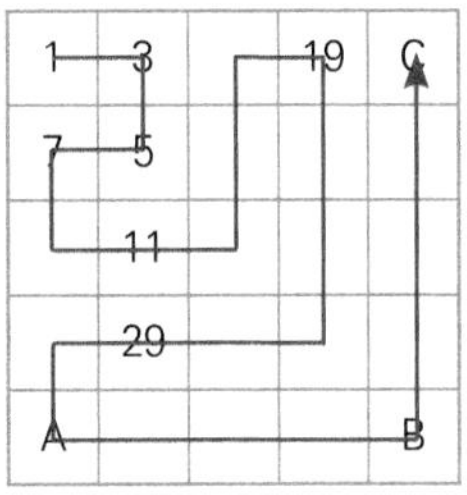

→

1	3	17	19	C
7	5	15	21	47
9	11	13	23	45
31	29	27	25	43
A	35	37	39	B

연습문제 05 ········· P. 53

[정답] 9주차 목요일

[풀이 과정 1]

1) 수 배열표에 나오는 요일의 개수가 7개로 일정하므로 60 ÷ 7을 하면 됩니다. 60 ÷ 7 = 8 ··· 4이므로 8개의 가로줄 이후 9번째 줄의 4번째가 60번째로 말한 요일입니다. 따라서 60번째로 말한 요일은 9주차 목요일입니다.

[풀이 과정 2]

1) (달력)에서 어두운 부분의 수는 각각 14로 나눈 나머지입니다. 14로 나눈 나머지가 (1, 2, 3, 4, 5, 6, 7, 8, 9, 10, 11, 12, 13, 0)으로 한 마디씩 반복됩니다.
2) 패턴 마디 안에 14개의 수가 있으므로 60 ÷ 14 = 4 ··· 4입니다. 패턴 마디가 4번 나오므로 4 × 2 = 8주차 이후 나머지가 4와 같은 요일이 됩니다. 60번째 말한 요일은 9주차 목요일입니다.

	월	화	수	목	금	토	일
1주차	1	2	3	4	5	6	7
2주차	14	13	12	11	10	9	8
3주차	15	16	17	18	19	20	21
4주차	28	27	26	25	24	23	22
	⋮	⋮	⋮	⋮	⋮	⋮	⋮

(달력)

연습문제 06 ········· P. 53

[정답] 정답 : 24 = 4행 10열

[풀이 과정 1]

1) (표)에서 찾을 수 있는 규칙은 홀수열에서는 아래로 갈수록, 짝수열에서는 위로 갈수록 1씩 커지는 것입니다. 각 행의 숫자는 오른쪽으로 가면서 5씩 커집니다. 각 행에서는 오른쪽으로 갈수록 일의 자리 숫자가 일정하게 반복됩니다. 1행에서 1, 6, 11, 16 ···으로 일의 자리 숫자가 1, 6, 1, 6으로 반복되고, 2행부터 4행까지 각각 일의 자리 숫자가 일정하게 반복됩니다.
2) 주어진 수 24는 일의 자리 숫자가 4이고, 4에서 5가 4번 증가한 것이므로 4행 10열에 있습니다.

[풀이 과정 2]

1) (표)와 같이 어둡게 색칠된 수 5개가 같은 위치에 반복됩니다. 5로 나눈 나머지 입니다. 5로 나눈 나머지가 (1, 2, 3, 4, 0)으로 한 마디씩 반복됩니다.

2) 패턴 마디 안에 5개의 수가 있으므로 24 ÷ 5 = 4 ⋯ 4입니다. 패턴 마디 4개가 나오면 총 4 × 2 = 8열이 됩니다. 그 후 나머지 4이므로 4행 10열의 수가 됩니다. 따라서 24는 4행 10열입니다.

	1열	2열	3열	4열	5열	6열	7열	8열	9열	10열
1행	1		6		11		16		21	
2행		5		10		15		20		⋮
3행	2		7		12		17		22	
4행		4		9		14		19		24
5행	3		8		13		18		23	

(표)

연습문제 07 P. 54

[정답] 7행 5열

[풀이 과정 1]

1) (표)는 짝수만 배열한 수 배열표입니다. 82가 몇 번째의 짝수인지 찾기 위해서는 82 ÷ 2를 해야 합니다. 82 ÷ 2 = 41이므로 82는 41번째 짝수입니다.

2) (표)에서 41번째 짝수의 위치를 찾습니다. 열의 개수가 일정하므로 41 ÷ (열의 개수)를 하면 됩니다. 41 ÷ 6 = 6 ⋯ 5이므로 6개의 행 이후 7번째 행에서 5번째 숫자가 41번째 수가 됩니다. 따라서 82는 7행 5열입니다.

[풀이 과정 2]

1) (표)와 같이 어둡게 색칠된 부분의 수는 24로 나눈 나머지가 (2, 4, 6, 8, 10, 12, 14, 16, 18, 20, 22, 0)으로 패턴 마디라고 할 수 있습니다.

2) 82 ÷ 2 = 41번째 짝수를 패턴 마디 안에 12개의 수로 나눠줍니다. 41 ÷ 12 = 3 ⋯ 5입니다. 패턴 마디가 3개 나오므로 3 × 2 = 6개의 행 이후 7번째 행에서 5번째 수가 82입니다. 따라서 82는 7행 5열입니다.

	1열	2열	3열	4열	5열	6열
1행	2	4	6	8	10	12
2행	24	22	20	18	16	14
3행	26	28	30	32	34	36
⋮	⋮	⋮	⋮	⋮	⋮	⋮

(표)

연습문제 08 P. 54

[정답] 풀이 과정 참조

[풀이 과정]

1) (그림)과 같이 빨간 화살표 방향으로 두 수를 합한 값을 바로 아래 칸에 적고 파란 화살표 방향으로 맨 앞과 맨 뒤 칸에 1씩 커지는 수를 적는 규칙입니다.

2) 따라서 (정답)과 같이 규칙에 맞게 빈칸에 알맞은 수를 적을 수 있습니다.

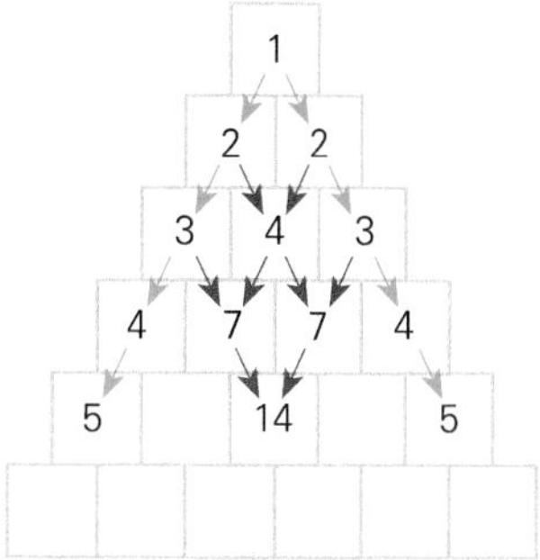

(그림)

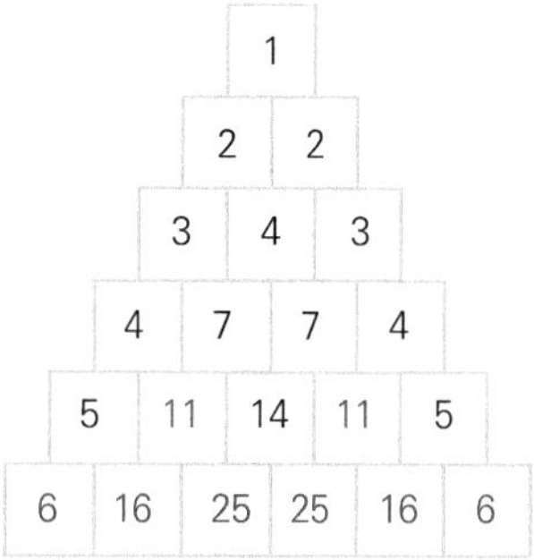

(정답)

연습문제 **09** .... P. 55

[정답] ⓐ = 65, ⓑ = 77, ⓒ = 121, ⓓ = 169

[풀이 과정]

1) (곱셈표)에서 규칙을 찾습니다. 곱하는 수는 모두 홀수입니다. 초록색 칸은 같은 수를 두 번 곱한 값이 나옵니다. 초록색 칸을 중심으로 양쪽에 같은 수가 나옵니다.
   81 = 9 × 9 이므로 초록색 칸의 수입니다.
2) (곱셈표)에 해당하는 (조각)을 어둡게 칠하면 아래와 같습니다. 규칙대로 ⓐ부터 ⓓ까지 구합니다.
   ⓐ = 13 × 5 = 65, ⓑ = 11 × 7 = 77, ⓒ = 11 × 11 = 121, ⓓ = 13 × 13 = 169입니다.
3) 따라서 ⓐ = 65, ⓑ = 77, ⓒ = 121, ⓓ = 169으로 (조각)의 해당하는 칸에 적을 수 있습니다.

×	1	3	5	7	9	11	13
1	1	3	5	7	9		
3	3	9	15	21	27		
5	5	15	25	35	45		
7	7	21	35	49	63		
9	9	27	45	63	81		
11				ⓑ		ⓒ	
13			ⓐ				ⓓ

(곱셈표)

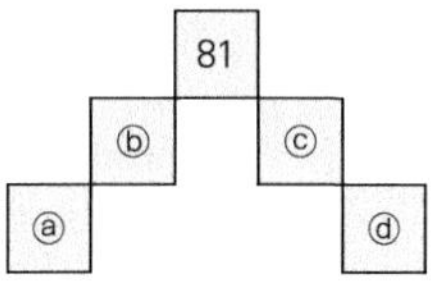

(조각)

연습문제 **10** .... P. 55

[정답] (7, 8) = 56

[풀이 과정]

1) 아래 (수 배열표)의 2행, 4행, 6행 … 에서 오른쪽으로 한 칸씩 초록색 칸까지 이동할 때, 1씩 작아집니다. 1행, 3행, 5행 … 에서 오른쪽으로 한 칸씩 초록색 칸까지 이동할 때, 1씩 커집니다.
   2열, 4열, 6열 … 에서 아래로 한 칸씩 초록색 칸까지 내려갈 때, 1씩 커집니다. 1열, 3열, 5열 … 에서 아래로 한 칸씩 초록색 칸까지 내려갈 때, 1씩 작아집니다.
   아래 (그림)과 같이 빨간색 선을 따라 1부터 1씩 커지는 수가 나열됩니다.
   초록색 칸은 1, 3, 7, 13, 21 …으로 2, 4, 6, 8,…씩 커집니다. 빨간색 칸은 각 열의 수를 두 번씩 곱한 값입니다.
2) 8행 8열의 수를 구합니다. (수 배열표)에서 초록색 칸의 규칙에 따라 (6, 6) = 21 + 10 = 31입니다. 이어서 (7, 7) = 31 + 12 = 43이므로 (8, 8) = 43 + 14 = 57입니다. (8, 8)에서 위로 한 칸 이동하면 (7, 8)이며, 규칙에 따라 57에서 위로 한 칸 이동하면 1이 줄어들어 56이 됩니다.
3) 이 외에도 다른 방법으로 (수 배열표)와 같이 붉은색 칸인 1행 3열, 1행 5열, 1행 7열의 규칙을 찾아 1행 8열을 구합니다. 1행 8열이 50이므로 8열에서 아래로 6칸 내려가면 7행 8열을 찾을 수 있습니다.
4) 따라서 7행 8열은 56입니다. (정답)

	1열	2열	3열	4열
1행	1	2	9	10
2행	4	3	8	11
3행	5	6	7	12
4행	16	15	14	13

(그림)

	1열	2열	3열	4열	5열	6열	7열	8열
1행	1	2	9	10	25		49	50
2행	4	3	8	11	24			51
3행	5	6	7	12	23			52
4행	16	15	14	13	22			53
5행	17	18	19	20	21			54
6행						31		55
7행							43	56
8행								57

(수 배열표)

심화문제 01 .... P. 56

[정답] 129

[풀이 과정 1]

1) 아래 (수 배열표)에서 초록색 칸의 규칙을 찾으면 1, 5, 13, 25, 41, …으로 더하는 수가 4, 8, 12, 16이며, 더하는 수가 4씩 커집니다. 붉은색 칸의 규칙을 찾으면 3, 9, 19, 33, …으로 더하는 수가 6, 10, 14 이며, 더하는 수가 4씩 커집니다. 따라서 규칙에 맞게 9행 8열은 129가 됩니다.

[풀이 과정 2]

1) 1열의 규칙을 찾으면 1, 3, 6, 10, 15 …으로 더하는 수가 1씩 커집니다. 9행 1열은 45입니다.

2) 각 행의 규칙을 찾으면 1행은 1, 2, 4, 7, 11, …으로 더하는 수가 1, 2, 3으로 1씩 커집니다.

2행에서는 3, 5, 8, 12, 17로 더하는 수가 2, 3, 4로 1씩 커집니다.

9행에서는 45부터 더하는 수가 9, 10, 11로 1씩 커집니다.

3) 따라서 9행 8열은 129가 됩니다.(정답)

	1열	2열	3열	4열	5열	6열	7열	8열	9열
1행	1	2	4	7	11				
2행	3	5	8	12	17				
3행	6	9	13	18	24				
4행	10	14	19	25	32				
5행	15	20	26	33	41				
6행	21				51	61			
7행	28					73	85		
8행	36						99	113	
9행	45	54	64	75	87	100	114	129	145

(수 배열표)

심화문제 02 .... P. 57

[정답] 50

[풀이 과정]

1) (그림)과 같이 홀수 번째 줄에서 오른쪽으로 한 칸씩 갈수록 1씩 작아지고 짝수 번째 줄에서 오른쪽으로 한 칸씩 갈수록 1씩 커집니다.

홀수 번째 줄의 노란색 칸은 3 × 3, 5 × 5, 7 × 7이 나오고 짝수 번째 줄의 파란색 칸은 2 × 2, 4 × 4, 6 × 6이 나옵니다.

2) 7번째 줄의 첫 번째 수는 7 × 7 = 49가 됩니다. 따라서 8번째 줄의 첫 번째 수는 49에서 1을 더한 수인 50이 됩니다.

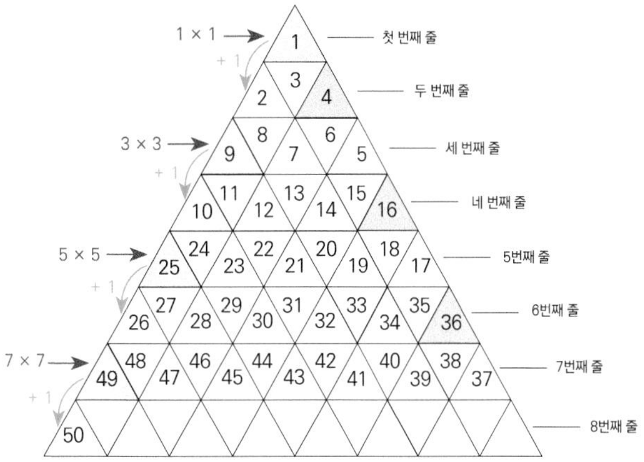

(그림)

심화문제 03 P. 58

[정답] 54

[풀이 과정 1]

1) 가로에서 한 칸씩 오른쪽으로 갈수록 1씩 커지고 세로에서 한 칸씩 내려갈수록 8씩 커집니다.

2) 규칙에 따라 정사각형 안의 9개의 수 중에서 가장 작은 수를 □라고 하면 (그림)과 같이 나머지 8개의 수를 적을 수 있습니다.

□	□ + 1	□ + 2
□ + 8	□ + 9	□ + 10
□ + 16	□ + 17	□ + 18

(그림)

3) 9개 수의 합이 405이므로

□ + (□ + 1) + (□ + 2) + (□ + 8) + (□ + 9) + (□ + 10) + (□ + 16) + (□ + 17) + (□ + 18) = 405입니다. 총 □가 9개이고 수끼리 모두 합하면

□ × 9 + 81 = 405입니다.

□ × 9 = 405 − 81 = 324이므로 □ = 324 ÷ 9 = 36입니다.

4) □ = 36이므로 9개 중에서 가장 큰 수는 36 + 18 = 54입니다.

[풀이 과정 2]

1) 아래(표)에서 12, 13, 14는 연속하는 세 수이므로

12 + 13 + 14 = 13 × 3 = 39입니다. 20, 21, 22와 28, 29, 30도 세 수의 합이 각각 21 × 3 = 63, 29 × 3 = 87입니다. 각 세 수씩 더한 것을 합하면 39 + 63 + 87 = 189입니다. 189 = 21 × 9와 같으므로 정사각형의 중앙의 수인 21에 9를 곱하면 9개의 수의 총합이 됩니다.

2) 규칙에 따라 9개 수의 합이 405이므로 405 ÷ 9 = 45입니다. 정사각형의 중간 수가 45가 됩니다.

3) (표)의 노란색 칸 21에서 가장 큰 수인 30으로 9만큼 커졌으므로 (정답) 처럼 45에 9를 더합니다. 따라서 9개의 수 중에 가장 큰 수는 54입니다.

1	2	3	4	5	6	7	8
9	10	11	12	13	14	15	16
17	18	19	20	21	22	23	24
25	26	27	28	29	30	31	32
⋮	⋮	⋮	⋮	⋮	⋮	⋮	⋮

(표)

	45	+ 9
		54

(정답)

심화문제 04 P. 59

[정답] 59

[풀이 과정 1]

1) 1열의 규칙을 찾으면 홀수 번째 행에만 수가 1, 4, 9, 16으로 1, 2, 3, 4를 각각 두 번씩 곱한 수입니다. 11행 1열은 6 × 6 = 36입니다.

2) (그림)의 대각선 붉은색 칸에 적힌 수들은 아래로 내려가면서 1씩 커집니다. (그림)의 파란색 화살표에 따라 각 행이 규칙적으로 커집니다.

3) 규칙에 따라 11행 1열에서 10행 2열로 갈 때, 10행 2열의 수는 36 − 1 = 35가 됩니다. 10행 2열에서 4열로 갈 때, 11을 더하면 10행 4열의 수는 46입니다. 따라서 10행 6열의 수는 46 + 13 = 59입니다.

[풀이 과정 2]

1) (그림)에서 초록색 칸의 규칙을 찾습니다. 1, 3, 7, 13, …으로 더하는 수가 2부터 2씩 커집니다. 8행 8열의 수는 57입니다.

2) 대각선 붉은색 칸의 규칙으로 9행 7열의 수는 58이고 10행 6열의 수는 59가 됩니다.

3) 따라서 10행 6열의 수는 59입니다

	1열	2열	3열	4열	5열	6열	7열	8열
1행	1		2		5		10	
2행		3		6		11		18
3행	4		7		12		19	
4행		8		13		20		29
5행	9		14		21		30	
6행		15		22		31		
7행	16		23		32		43	
8행		24		33		44		57
9행	25		34		45		58	
10행		35		46		59		
11행	36							

(그림)

창의적문제해결수학 01 ······ P. 60

[정답] 풀이 과정 참조

[풀이 과정]

1) 첫 번째 조건에 따라 1행 1열에 55를 적습니다. 두 번째 조건에 따라 (2행, 1열)부터 아래로 한 칸씩 53, 51, 49, 47, 45를 순서대로 적습니다.

2) 6행 1열의 수가 45이므로 세 번째 조건에 따라 6행 2열의 수는 89 - 45 = 44입니다.

3) 네 번째 조건에 따라 6행 5열의 수는 1입니다. 두 번째 조건에 따라 5열에 나머지 칸에 차례대로 수를 적습니다.

4) 다섯 번째 조건에 따라 1행 2열의 수가 34이므로 1행 4열의 수는 46 - 34 = 12입니다.

   1행 4열의 수가 12이므로 두 번째 조건에 따라 4열에 나머지 칸에 차례대로 수를 적습니다.

5) (그림)과 같이 나머지 4개 열의 규칙을 보면 빨간 선분처럼 수가 적혀있습니다. 1행 3열의 수는 34보다 1 작은 수입니다. 1행 3열의 수는 33이므로 두 번째 규칙에 따라 나머지 칸에 차례대로 수를 적습니다.

6) 따라서 조건에 맞게 (정답)처럼 수를 채워 넣을 수 있습니다.

	1열	2열	3열	4열	5열
1행	55	34		12	11
2행	53	36		14	9
3행	51	38		16	7
4행	49	40		18	5
5행	47	42		20	3
6행	45	44		22	1

(그림)

	1열	2열	3열	4열	5열
1행	55	34	33	12	11
2행	53	36	31	14	9
3행	51	38	29	16	7
4행	49	40	27	18	5
5행	47	42	25	20	3
6행	45	44	23	22	1

(정답)

창의적문제해결수학 02 ······ P. 61

[정답] A = 81, B = 64, C = 74, D = 58

[풀이 과정]

1) (그림)에서 노란색 칸에 적힌 수들은 9, 25, 49, …으로 홀수인 3, 5, 7, … 을 각각 두 번씩 곱한 값입니다. A는 9 × 9 = 81입니다.

2) (그림)에서 파란색 칸에 적힌 수들은 4, 16, 36, …으로 짝수인 2, 4, 6, … 을 각각 두 번씩 곱한 값입니다. B는 8 × 8 = 64입니다.

3) C는 A로부터 7칸 떨어져 있습니다. C는 81 - 7 = 74입니다. D는 B로부터 6칸 떨어져 있습니다. D는 64 - 6 = 58입니다.

4) 이외에도 직접 순서대로 수를 적어서 A, B, C, D를 구할 수는 있지만 규칙을 찾아 해결해 주세요.

	C							A
							49	
						25	26	
				8	9	10	27	
				1	2	11		
				4	3	12		
			16	15	14			
		36	35	34				
	B						D	

(그림)

4. 새로운 연산 기호

대표문제1 확인하기 .... P. 67

[정답] (3 △ 4) ▲ 2 = 26

[풀이 과정]

1) (표 1)과 같이 기호 ▲에 주어진 두 수의 합, 차, 곱을 각각 구합니다. 계산 결과가 0, 4, 18, 10이 되기 위해서 (표 1)에서 구한 곱에 각각 5, 4, 3, 2를 빼면 됩니다.
   A ▲ B = A × B − B 입니다.
2) (표 2)와 같이 기호 △에 주어진 두 수의 합, 차, 곱을 각각 구합니다. 계산 결과가 14, 18, 22, 30이 되기 위해서 (표 2)에서 구한 합에 각각 2를 곱합니다.
   A △ B = (A + B) × 2입니다.
3) (3 △ 4) ▲ 2에서 먼저 괄호 안에 있는 수를 계산하면 3 △ 4 = (3 + 4) × 2 = 14입니다.
   이어서 14 ▲ 2 = 14 × 2 − 2 = 26입니다.
   따라서 (3 △ 4) ▲ 2 = 26입니다.

주어진 수	합	차	곱	▲
1, 5	1 + 5 = 6	5 − 1 = 4	1 × 5 = 5	1 × 5 − 5 = 0
2, 4	2 + 4 = 6	4 − 2 = 2	2 × 4 = 8	2 × 4 − 4 = 4
7, 3	7 + 3 = 10	7 − 3 = 4	7 × 3 = 21	7 × 3 − 3 = 18
6, 2	6 + 2 = 8	6 − 2 = 4	6 × 2 = 12	6 × 2 − 2 = 10

(표 1)

주어진 수	합	차	곱	△
6, 1	6 + 1 = 7	6 − 1 = 5	6 × 1 = 6	(6 + 1) × 2 = 14
4, 5	4 + 5 = 9	5 − 4 = 1	4 × 5 = 20	(4 + 5) × 2 = 18
8, 3	8 + 3 = 11	8 − 3 = 5	8 × 3 = 24	(8 + 3) × 2 = 22
9, 6	9 + 6 = 15	9 − 6 = 3	9 × 6 = 54	(9 + 6) × 2 = 30

(표 2)

대표문제2 확인하기 1 .... P. 69

[정답] B = 7

[풀이 과정]

1) 5 × B − B = 28에서 알맞은 B를 찾습니다.
   5 × 5 = 25에서 5를 빼면 20이므로 B는 5 보다 큰 수입니다.
2) B = 6일 때, 5 × 6 − 6 = 30 − 6 = 24 이므로 B = 6이 아닙니다.
   B = 7일 때, 5 × 7 − 7 = 35 − 7 = 28이므로 B = 7이 맞습니다.
   B = 8일 때, 5 × 8 − 8 = 40 − 8 = 32 이므로 B = 8이 아닙니다.
3) 따라서 B = 7입니다.

대표문제2 확인하기 2 .... P. 69

[정답] (A, B) = (1, 14), (2, 7), (7, 2), (14, 1)

[풀이 과정]

1) 두 수를 곱하여 28이 되는 경우는 (1, 28), (2, 14), (4, 7)로 세 가지가 있습니다.
   두 수를 서로 자리를 바꿔 곱해도 상관없습니다.
2) (A + A) × B에서 (A + A)는 같은 두 수를 더하므로 계산 결과는 짝수입니다. (A + A) = 2, 4, 14, 28이 됩니다. 이에 따라 B를 각각 구합니다.
3) (A + A) = 2일 때, A = 1이고 B = 14입니다.
   (A + A) = 4일 때, A = 2이고 B = 7입니다.
   (A + A) = 14일 때, A = 7이고 B = 2입니다.
   (A + A) = 28일 때, A = 14이고 B = 1입니다.
4) 따라서 가능한 (A, B) = (1, 14), (2, 7), (7, 2), (14, 1) 입니다.

연습문제 01 .... P. 70

[정답] (6 △ 4) ▲ 5 = 59

[풀이 과정]

1) (6 △ 4) ▲ 5에서 괄호 안에 있는 6 △ 4부터 기호 △에 맞게 계산합니다. 6 + 4 × 3 = 18입니다.
2) (6 △ 4) = 18이므로
   (6 △ 4) ▲ 5 = 18 ▲ 5 = 5 + 18 × 3 = 59입니다.
   따라서 (6 △ 4) ▲ 5 = 59입니다.

연습문제 02 ··· P. 70

[정답] 11♧5 = 44

[풀이 과정]

1) (표)와 같이 기호 ♧에 주어진 두 수의 합, 차, 곱을 각각 구합니다. 계산 결과가 10, 8, 18, 35, 20, 27이 되기 위해서 (표)에서 구한 곱에 각각 5, 8, 6, 7, 10, 9를 빼면 됩니다. A♧B = A × B - A 입니다.

2) 11♧5 = 11 × 5 - 11 = 44입니다.

주어진 수	합	차	곱	♧
5, 3	5 + 3 = 8	5 - 3 = 2	5 × 3 = 15	5 × 3 - 5 = 10
8, 2	8 + 2 = 10	8 - 2 = 6	8 × 2 = 16	8 × 2 - 8 = 8
6, 4	6 + 4 = 10	6 - 4 = 2	6 × 4 = 24	6 × 4 - 6 = 18
7, 6	7 + 6 = 13	7 - 6 = 1	7 × 6 = 42	7 × 6 - 7 = 35
10, 3	10 + 3 = 13	10 - 3 = 7	10 × 3 = 30	10 × 3 - 10 = 20
9, 4	9 + 4 = 13	9 - 4 = 5	9 × 4 = 36	9 × 4 - 9 = 27

(표)

3) 다른 방법으로 A♧B = A × (B - 1) 을 하면 주어진 수 모두 만족합니다.

4) 따라서 11♧5 = 11 × (5 - 1) = 11 × 4 = 44입니다.

연습문제 03 ··· P. 70

[정답] 15

[풀이 과정]

1) 첫 번째 수 상자에 1을 넣었을 때, 1이 나왔으므로 수 상자의 연산 규칙에는 곱하기가 들어갑니다.

2) 4개의 수 상자에 넣은 수들에 2부터 차례대로 곱합니다.

1 × 2 = 2　　1 × 3 = 3　　1 × 4 = 4 ···

3 × 2 = 6　　3 × 3 = 9　　3 × 4 = 12 ···

5 × 2 = 10　　5 × 3 = 15　　5 × 4 = 20 ···

6 × 2 = 12　　6 × 3 = 18　　6 × 4 = 24 ···

3) 주어진 계산 결과가 1, 5, 9, 11이 되기 위해서 2를 곱한 결과 값에 각각 1씩 빼면 됩니다. (그림)과 같이 상자에 A를 넣었을 때, 나오는 결과는 A × 2 - 1입니다.

4) 따라서 상자에 8을 넣었을 때, 나오는 수는 8 × 2 - 1 = 15입니다.

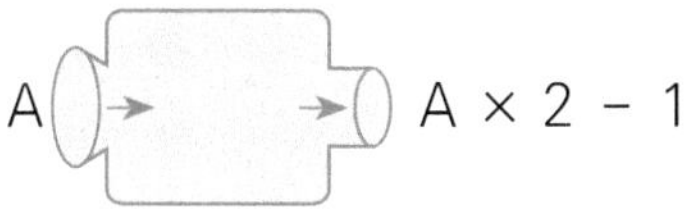

(그림)

연습문제 04 ··· P. 71

[정답] 8개

[풀이 과정]

1) (표)와 같이 기호 ●에 주어진 두 수의 합, 차, 곱, 나눗셈을 각각 구합니다. 계산 결과인 2, 6, 7, 1은 (표)에서 구한 나눗셈의 몫과 같습니다.
A ● B = (A ÷ B의 몫)입니다.

2) A ● 8 = 6이므로 A ÷ 8을 하여 몫이 6이 되는 A를 찾습니다. 따라서 A는 48부터 55까지 총 8개입니다.

주어진 수	합	차	곱	나눗셈
7, 3	7 + 3 = 10	7 - 3 = 4	7 × 3 = 21	7 ÷ 3 = 2 ··· 1
26, 4	26 + 4 = 30	26 - 4 = 22	26 × 4 = 104	26 ÷ 4 = 6 ··· 2
38, 5	38 + 5 = 43	38 - 5 = 33	38 × 5 = 190	38 ÷ 5 = 7 ··· 3
20, 11	20 + 11 = 31	20 - 11 = 9	20 × 11 = 220	20 ÷ 11 = 1 ··· 9

(표)

연습문제 **05** P. 71

[정답] 2 ◆ (3 ◆ 5) ◆ 6 = 19

[풀이 과정]

1) 2 ◆ (3 ◆ 5) ◆ 6에서 괄호 안에 있는 (3 ◆ 5)부터 계산합니다. 연산 규칙에 따라
   3 ◆ 5 = (3 × 5) - (3 + 5) = 15 - 8 = 7입니다.
2) (3 ◆ 5) = 7이므로 2 ◆ (3 ◆ 5) ◆ 6 = 2 ◆ 7 ◆ 6이 되고 앞부분 2 ◆ 7부터 계산합니다.
   2 ◆ 7 = (2 × 7) - (2 + 7) = 14 - 9 = 5입니다.
   마지막으로 5 ◆ 6을 계산하면
   (5 × 6) - (5 + 6) = 30 - 11 = 19입니다.
3) 따라서 2 ◆ (3 ◆ 5) ◆ 6 = 19입니다.

연습문제 **06** P. 71

[정답] 42

[풀이 과정]

1) (그림)과 같이 30에서 빨간색으로 갈 때, 30 + 5 = 35를 빨간 칸에 적습니다. 이와 마찬가지로 차례대로 각 빈칸에 계산한 수를 적습니다. 마지막 초록색 칸 전인 노란색 칸이 46이므로 마지막 초록색 칸은 46 - 4 = 42입니다.
2) 이 외에도 (그림)에 빨간, 노란, 초록, 파란색 칸의 개수는 모두 4개씩입니다. 30에서 5와 9를 각각 4번씩 더하고 7과 4를 각각 4번씩 빼면 됩니다.
   30 + 5 × 4 + 9 × 4 - 7 × 4 - 4 × 4 = 30 + 20 + 36 - 28 - 16 = 42입니다.
3) 따라서 마지막 초록색 칸에는 42가 적힙니다.

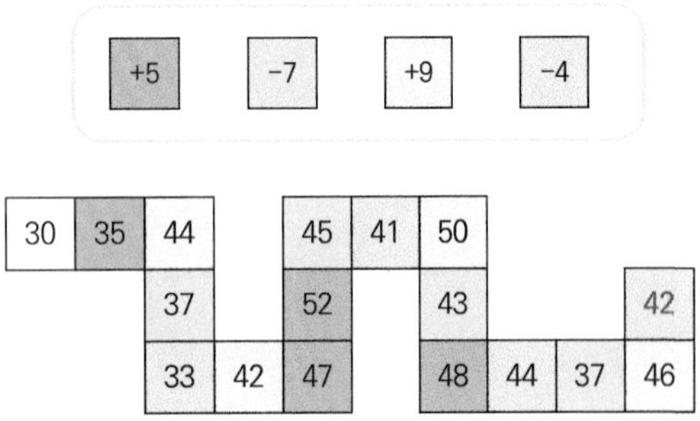

(그림)

연습문제 **07** P. 72

[정답] 19

[풀이 과정]

1) 주어진 삼각형의 세 꼭짓점에 적힌 수들을 각각 더합니다.
   8 + 3 + 4 = 15, 3 + 6 + 5 = 14,
   9 + 1 + 7 = 17,
   4 + 7 + 2 = 13이 됩니다.
2) 세 꼭짓점에 적힌 5, 8, 6을 합하면 5 + 8 + 6 = 19로 가운데 수는 19가 들어갑니다.

연습문제 **08** P. 72

[정답] 10, 11

[풀이 과정]

1) 주어진 수 상자에 홀수 1, 3을 넣었을 때, 나오는 수는 모두 29씩 더한 수입니다. 짝수 2, 6을 넣었을 때, 나오는 수는 모두 31씩 더한 수입니다.
2) A가 홀수일 때, B = A + 29가 됩니다.
   A + B = 51에 B = A + 29를 넣으면 A + A + 29 = 51이 됩니다.
   A + A = 22가 되어 A = 11이 됩니다.
3) A가 짝수일 때, B = A + 31이 됩니다.
   A + B = 51에 B = A + 31을 넣으면 A + A + 31 = 51이 됩니다.
   A + A = 20이 되어 A = 10이 됩니다.
4) 따라서 가능한 A는 10과 11입니다.

연습문제 **09** P. 73

[정답] (A, B) = (0, 2) 또는 (2, 0)

[풀이 과정]

1) A ★ B = B ★ A가 같은 경우를 찾아야 합니다.
   (A × A) + (B + B) = (B × B) + (A + A)에서
   A × A = A + A와 B × B = B + B인 경우를 찾습니다.
2) A = 0일 경우, 0 × 0 = 0이고 0 + 0 = 0으로 서로 같습니다.
   A = 2일 경우, 2 × 2 = 4이고 2 + 2 = 4로 서로 같습니다.
3) B가 0 또는 2일 경우에도 B × B = B + B가 됩니다.
4) A, B가 서로 다른 수이므로 (A, B) = (0, 2) 또는 (2, 0)입니다.

연습문제 10 .... P. 73

[정답] (A, B) = (13, 11), (8, 4), (7, 1)

[풀이 과정]

1) (A + B) × (A − B) = 48 이므로 두 수를 곱하여 48이 되는 경우는
(1, 48), (2, 24), (3, 16), (4, 12), (6, 8)로 5가지가 있습니다. 두 수를 서로 자리를 바꿔 곱해도 상관없습니다.

2) (A + B) × (A − B)에서 두 수를 더한 값이 뺀 값보다 항상 크기 때문에 (A + B)는 (A − B) 보다 큽니다.
(A + B) = 48, 24, 16, 12, 8이 되고 (A − B) = 1, 2, 3, 4, 6이 됩니다.
A, B를 각각 구합니다.
 i) (A + B) = 48, (A − B) = 1일 때, 두 수를 더해서 짝수가 되고 빼서 홀수가 되는 수는 없습니다.
 ii) (A + B) = 24, (A − B) = 2일 때, A = 13이고 B = 11입니다.
 iii) (A + B) = 16, (A − B) = 3일 때, 두 수를 더해서 짝수가 되고 빼서 홀수가 되는 수는 없습니다.
 iv) (A + B) = 12, (A − B) = 4일 때, A = 8이고 B = 4입니다.
 v) (A + B) = 8, (A − B) = 6일 때, A = 7이고 B = 1입니다.

3) 따라서 가능한 (A, B) = (13, 11), (8, 4), (7, 1)입니다.

심화문제 01 .... P. 74

[정답] 2개

[풀이 과정]

1) 주어진 연산 기호 ●의 규칙은
A ● B = A × A − B입니다.
A ● 12 = A × A − 12가 됩니다.

2) 계산 결과 값이 140보다 크고 200보다 작아야 하므로 A에 들어갈 수를 구합니다. 계산 결과 값이 140보다 커야 하므로 A = 12보다 커야 합니다.
A가 12일 때, A ● 12 = 12 × 12 = 144, 144 − 12 = 132이므로 140보다 작기 때문입니다.
계산 결과 값이 200보다 작아야 하므로 A = 15보다 작아야 합니다.
A가 15일 때, A ● 12 = 15 × 15 − 12 = 225 − 12 = 213이므로 200보다 크기 때문입니다.

3) 따라서 A는 12보다 크고 15보다 작은 13, 14가 됩니다.
A에 들어갈 수 있는 수는 모두 2개입니다.

심화문제 02 .... P. 75

[정답] A = 57

[풀이 과정]

1) (보기)에서 △△와 ○○와 같이 도형을 일렬로 놓았을 때, 두 수의 합을 나타냅니다. △△ = 8이므로
4 + 4 = 8이 되어 △ = 4입니다.
○○ = 6이므로 3 + 3 = 6이 되어 ○ = 3입니다.

2) (보기)에서 ◎ = 9이므로 ○ × ○ = 3 × 3 = 9가 됩니다. △(△) = 16이므로 △ × △ = 4 × 4 = 16이 됩니다. 도형 안에 도형이 있으면 각 도형이 나타내는 수를 곱합니다.

3) (그림)에서 원 안에 있는 두 도형을 계산합니다.
○△ = ○ + △ = 3 + 4 = 7이고 △△ = 8입니다.
도형 안에 도형끼리 각각 계산하면 ◯(○△)은 3 × 7 = 21이 되고 △(○)은 4 × 3 = 12 이고 ◯(△△)은 3 × 8 = 24입니다.

4) 따라서 ◯(○△) △(○) ◯(△△)이 일렬로 놓여 있으므로 세 수를 모두 합하면 21 + 12 + 24 = 57입니다.

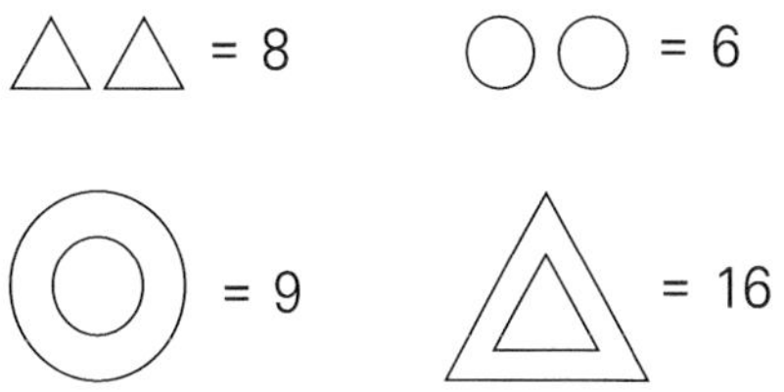

(보기)

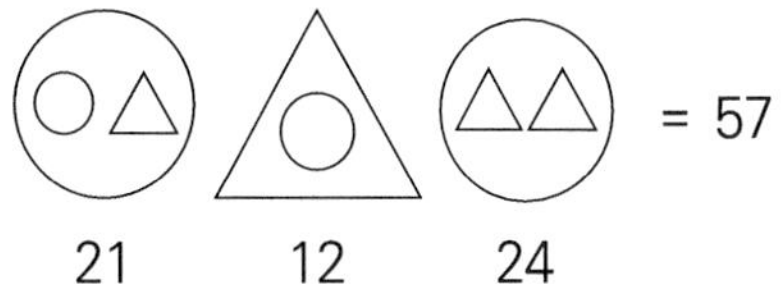

(그림)

심화문제 **03** P. 76

[정답] 16

[풀이 과정]

1) (보기)와 같이 주머니 안에 빨간색과 파란색 두 구슬을 곱한 후 노란색 구슬로 나눠 그 수가 밖으로 나오는 규칙을 찾을 수 있습니다.
(그림 1)과 같이 A, B, C 구슬이 적혀있으면 밖으로 나오는 구슬에 적힌 수는
(A × B) ÷ C 가 됩니다.

2) (그림 2)에서 8, 12, 6이 각 위치에 있을 때,
A = 8, B = 12, C = 6이 됩니다.
따라서 주머니 밖으로 나오는 구슬에 적힌 수는
(8 × 12) ÷ 6 = 96 ÷ 6 = 16입니다. (정답)

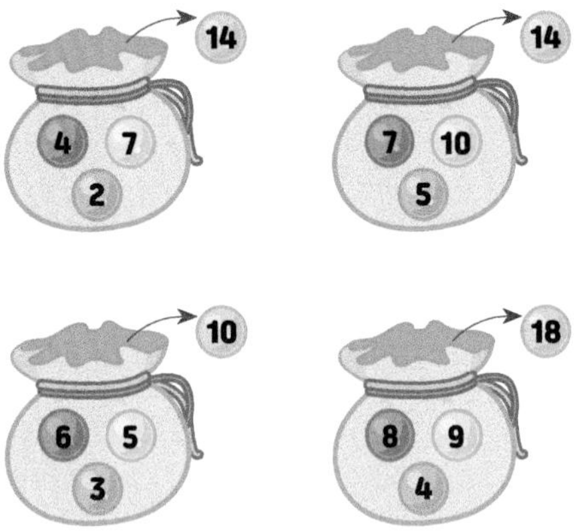

(보기)

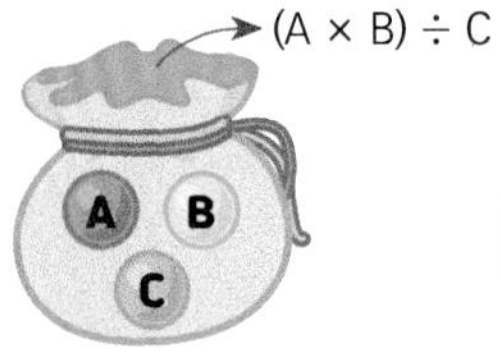

(그림 1)

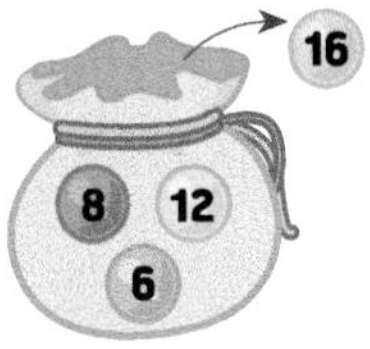

(그림 2)

심화문제 **04** P. 77

[정답] (7 ⊙ 2) ◈ 4 = 116

[풀이 과정]

1) 5 ◈ 3 = (a × 5) + (b × 3) = 21이므로 a, b를 구합니다. a와 b가 자연수이므로 a = 1, 2, 3, … 차례대로 넣어 b를 구합니다.
a = 3일 때, 3 × 5 + b × 3 = 21이므로 b = 2가 됩니다. (a, b) = (3, 2)밖에 없습니다.

2) 3 ⊙ 6 = 36이므로 c × (3 + 6) = 36입니다. c = 4입니다.

3) (7 ⊙ 2) ◈ 4에서 먼저 괄호 안에 있는 (7 ⊙ 2)부터 계산합니다.
7 ⊙ 2 = 4 × (7 + 2) = 4 × 9 = 36입니다
(7 ⊙ 2) ◈ 4 = 36 ◈ 4 = (3 × 36) + (2 × 4) = 108 + 8 = 116입니다.

4) 따라서 (7 ⊙ 2) ◈ 4 = 116입니다. (정답)

창의적문제해결수학 01 ······························ P. 78

[정답] 풀이 과정 참조

[풀이 과정]

1) (표)와 같이 주어진 수 6, 2로 합, 차, 곱, 나눗셈을 이용해 4를 만드는 방법을 찾습니다. 주어진 수 6, 2에서 구한 방법으로 8, 6도 똑같이 구합니다.
다음 칸에는 11 또는 16이 있습니다.
6 ◎ 2와 같은 규칙으로 8 ◎ 6을 계산한 결과 7, 10, 2, 16, 40, 2입니다. 이 중에 <그림>에서 16만 다음 칸에 있으므로 규칙은 8 × 6 ÷ 3입니다.

주어진 수	합	차	곱	나눗셈
6 ◎ 2	6 + 2 = 8 ⇒ (6 + 2) ÷ 2 = 4 ⇒ (6 + 2) − 4 = 4	6 − 2 = 4	6 × 2 = 12 ⇒ (6 × 2) ÷ 3 = 4 ⇒ (6 × 2) − 8 = 4	6 ÷ 2 = 3 ⇒ (6 ÷ 2) + 1 = 4
8 ◎ 6	8 + 6 = 14 ⇒ (8 + 6) ÷ 2 = 7 ⇒ (8 + 6) − 4 = 10	8 − 6 = 2	8 × 6 = 48 ⇒ (8 × 6) ÷ 3 = 16 ⇒ (8 × 6) − 8 = 40	8 ÷ 6 = 1 ··· 2 ⇒ (8 ÷ 6) + 1 = 2 ··· 2

(표)

2) 규칙에 따라 주어진 수 9, 7도 계산하면
(9 × 7) ÷ 3 = 21로 다음 칸에 있습니다.
10 ◎ 6 ⇒ 15 ◎ 2 ⇒ 18 ◎ 4 ⇒ 13 ◎ 7을 규칙에 맞게 차례대로 계산합니다.
10 ◎ 6 = (10 × 6) ÷ 3 = 20,
15 ◎ 2 = (15 × 2) ÷ 3 = 10,
18 ◎ 4 = (18 × 4) ÷ 3 = 24,
13 ◎ 9 = (13 × 9) ÷ 3 = 39입니다.

3) 따라서 (정답)과 같이 알맞은 값에 색칠합니다.

10	9	15	18	17
5	13	13	24	39
11	21	20	10	6
4	16	2	3	8
출발	5	7	2	13

(정답)

창의적문제해결수학 02 ······························ P. 79

[정답] 15명, 5250원

[풀이 과정]

1) 연산 기호 ■의 규칙을 찾습니다. 주어진 수 1, 2, 3에 각각 2를 곱합니다.
1 × 2 = 2　　2 × 2 = 4　　3 × 2 = 6
위와 같이 3, 5, 7이 되기 위해서는 각각 계산 결과에 1을 더합니다.
연산 기호 ■의 규칙은 A ■ = A × 2 + 1입니다.
다른 방법으로는 1 + 2 = 3, 2 + 3 = 5, 3 + 4 = 7로 계산 결과가 3, 5, 7로 만족합니다.
따라서 연산 기호 ■의 규칙은 A ■ = A + (A + 1)입니다.
이것은 앞의 규칙과 같습니다.

2) 연산 기호 ◎의 규칙을 찾습니다.
1 × 3 = 3　　2 × 5 = 10　　3 × 7 = 21
위와 같이 150, 500, 1050이 되기 위해서는 각각 계산 결과에 50을 곱하면 됩니다.
연산 기호 ◎의 규칙은 A ◎ B = A × B × 50입니다.

3) 따라서 7개의 직물을 만들기 위해 연산 기호 ■에 따라 7 ■ = 7 × 2 + 1 = 15이므로 15명의 사람이 필요하고, 연산 기호 ◎에 따라 7 ◎ 15 = 7 × 15 × 50 = 5250원으로 팔아야 합니다.(정답)

5. 규칙 찾아 해결하기

대표문제1 확인하기 1 ······ P. 85

[정답] 17개

[풀이 과정]

1) (표)와 같이 첫 번째부터 다섯 번째까지 선분의 개수를 찾습니다. 선분의 개수가 1, 3, 5, 7, 9개로 2씩 커지는 규칙이 있습니다.(정답)

	첫 번째	두 번째	세 번째	네 번째	다섯 번째
선분의 개수	1개	3개	5개	7개	9개

+2 +2 +2 +2

(표)

2) 규칙에 따라
6번째 모양에는 9 + 2 = 11개의 선분이 있고,
7번째 모양에는 11 + 2 = 13개의 선분이 있고,
8번째 모양에는 13 + 2 = 15개의 선분이 있습니다.

3) 따라서 9번째 모양에는 15 + 2 = 17개의 선분이 있습니다.(정답)

대표문제1 확인하기 2 ······ P. 85

[정답] 49개

[풀이 과정]

1) (표)와 같이 첫 번째부터 네 번째까지 사각형의 개수를 찾습니다. 사각형의 개수가 1, 4, 9, 16개로 3, 5, 7씩 커지는 규칙이 있습니다. 사각형의 개수는 각각 1 × 1, 2 × 2, 3 × 3, 4 × 4로 같은 수를 두 번씩 곱하는 규칙이 있습니다.

	첫 번째	두 번째	세 번째	네 번째
사각형의 개수	1개	4개	9개	16개

+3 +5 +7

(표)

2) 규칙에 따라 5번째 모양에는 16 + 9 = 5 × 5 = 25개의 사각형이 있고,
6번째 모양에는 25 + 11 = 6 × 6 = 36개의 사각형이 있습니다.

3) 따라서 7번째 모양에는 36 + 13 = 7 × 7 = 49개의 사각형이 있습니다.(정답)

대표문제2 확인하기 ······ P. 87

[정답] 흰 돌 : 5개, 검은 돌 : 5개

[풀이 과정]

1) (표)와 같이 검은 돌과 흰 돌의 개수를 각각 적습니다. 같은 색의 칸에는 같은 개수가 적혀있습니다.
다섯 번째 흰 돌의 개수는 6번째 흰 돌의 개수와 같고 6번째 검은 돌의 개수와 7번째 검은 돌의 개수가 같습니다.
검은 돌의 개수와 흰 돌의 개수는 각각 1개씩 늘어납니다.

2) 규칙에 따라 6번째부터 9번째까지 흰 돌과 검은 돌의 개수를 각각 구합니다.

	첫 번째	두 번째	세 번째	네 번째	다섯 번째	6번째	7번째	8번째	9번째
검은 돌의 개수	0개	1개	1개	2개	2개	3개	3개	4개	4개
흰 돌의 개수	1개	1개	2개	2개	3개	3개	4개	4개	5개

+1 +1 +1 +1

(표)

3) 따라서 10번째 검은 돌의 개수는 4 + 1 = 5개이고 10번째 흰 돌의 개수는 9번째 흰 돌의 개수와 같은 5개입니다.(정답)

연습문제 01 ······ P. 88

[정답] 24개

[풀이 과정]

1) (표)와 같이 첫 번째부터 다섯 번째까지 선분의 개수를 찾습니다. 선분의 개수가 3, 6, 9, 12, 15개로 3씩 커지는 규칙이 있습니다.

	첫 번째	두 번째	세 번째	네 번째	다섯 번째
선분의 개수	3개	6개	9개	12개	15개

+3 +3 +3 +3

(표)

2) 규칙에 따라 6번째 모양에는 15 + 3 = 18개의 선분이 있고, 7번째 모양에는 18 + 3 = 21개의 선분이 있습니다.

3) 따라서 8번째 모양에는 21 + 3 = 24개의 선분이 있습니다.(정답)

연습문제 02 ············ P. 88

[정답] 11개

[풀이 과정]

1) (그림)에서 마디를 찾으면 (흰, 검, 검, 흰, 검)으로 반복됩니다. 28개를 놓았을 때, 28 ÷ 5 = 5 ··· 3으로 (마디의 수) = 5개이고 마지막에 ○●●이 남습니다.
2) (흰 돌의 개수) = (마디의 수) × (한 마디 안의 흰 돌의 개수) + (남은 흰 돌의 개수) = 5 × 2 + 1 = 11개입니다.
3) 따라서 28개 중에 흰 돌의 개수는 11개입니다.(정답)

(그림)

연습문제 03 ············ P. 88

[정답] 검은 사각형 : 9개, 흰 사각형 : 8개

[풀이 과정]

1) (표)와 같이 첫 번째부터 네 번째까지 검은 사각형과 흰 사각형의 개수를 각각 찾습니다. 각 사각형의 개수는 1씩 커지는 규칙이 있습니다.
2) 따라서 (표)와 같이 9번째 검은 사각형과 흰 사각형의 개수는 각각 9개, 8개입니다.(정답)

	첫 번째	두 번째	세 번째	네 번째	5번째	6번째	7번째	8번째	9번째
검은 사각형 개수	1개	2개	3개	4개	5개	6개	7개	8개	9개
흰 사각형 개수	0개	1개	2개	3개	4개	5개	6개	7개	8개

(+1, +1, +1)

(표)

연습문제 04 ············ P. 89

[정답] 63개

[풀이 과정]

1) (표)와 같이 첫 번째부터 네 번째까지 성냥개비의 모든 개수를 찾습니다.
성냥개비를 더하는 수가 6, 9, 12로 3씩 커지는 규칙이 있습니다. 또한, 3 × 1, 3 × 3, 3 × 6, 3 × 10으로 3에 곱하는 수가 2, 3, 4씩 커지는 규칙이 있습니다.

	첫 번째	두 번째	세 번째	네 번째
성냥개비의 개수	3개	9개	18개	30개

(+6, +9, +12)

2) 규칙에 따라 5번째에는 30 + 15 = 3 × 15 = 45개의 성냥개비가 있습니다.
3) 따라서 6번째에는 45 + 18 = 3 × 21 = 63개의 성냥개비가 있습니다.(정답)

연습문제 05 ············ P. 89

[정답] ○ = 19개 ,△ = 10개, □ = 10개

[풀이 과정]

1) (그림)에서 마디를 찾으면 (○, ○, △, □)으로 반복됩니다.
총 51개 구슬로 만든 목걸이는 51 ÷ 4 = 12 ··· 3으로 (마디의 수) = 12개이고 마지막에 ○, ○, △이 남습니다.
2) (그림)에서 보이는 마디의 수는 2개와 ○입니다.
마지막에 3개의 도형이 보입니다. 물감 속에는 10개 마디 중에서 ○ 한 개가 없는 상태입니다. 따라서 물감 속에는 9개 마디와 ○, △, □가 있습니다.
3)
   i) (물감 속에 있는 ○의 개수) = (마디의 수) × (한 마디 안의 ○의 개수) + (나머지 ○의 개수) = 9 × 2 + 1 = 19개입니다.
   ii) (물감 속에 있는 △의 개수) = (마디의 수) × (한 마디 안의 △의 개수) + (나머지 △의 개수) = 9 × 1 + 1 = 10개입니다.
   iii) (물감 속에 있는 □의 개수) = (마디의 수) × (한 마디 안의 □의 개수) + (나머지 □의 개수) = 9 × 1 + 1 = 10개입니다.
4) 물감 속에는 ○, △, □이 각각 19, 10, 10개가 있습니다.(정답)

(그림)

연습문제 06 P. 89

[정답] 31조각

[풀이 과정]

1) (표)와 같이 첫 번째부터 네 번째까지 조각의 개수를 찾습니다. 조각의 개수가 4, 7, 10, 13개로 3씩 커지는 규칙이 있습니다.
2) 규칙에 따라 5번째 밧줄에는 13 + 3 = 16개의 조각이 되고, 6번째 밧줄에는 16 + 3 = 19개의 조각이 됩니다. 7번째 밧줄은 19 + 3 = 22조각, 8번째 밧줄은 25조각, 9번째 밧줄은 28조각이 됩니다.
3) 따라서 10번째 밧줄은 28 + 3 = 31개의 조각으로 나눠집니다. (정답)

	첫 번째	두 번째	세 번째	네 번째
조각의 개수	4개	7개	10개	13개

+ 3   + 3   + 3

(표)

연습문제 07 P. 90

[정답] A 통장 : 16800원, B 통장 : 1650원

[풀이 과정]

1) (표 1)과 같이 A 통장에는 한 달 후에는 전에 넣은 돈에 2를 곱한 돈을 넣습니다. B 통장에는 매달 150원씩 늘어난 돈을 넣습니다.
2) 무우는 (표 2)와 같이 A, B 통장에 각각 처음 돈을 1050원씩 넣었습니다. 따라서 4개월 후에는 A 통장에는 16800원을 넣고, B 통장에는 1650원을 넣습니다. (정답)

	처음 돈	1개월 후	2개월 후	3개월 후	4개월 후
A 통장	100원	200원	400원	800원	1600원
A 통장	700원	1400원	2800원	5600원	11200원
B 통장	100원	250원	400원	550원	700원
B 통장	700원	850원	1000원	1150원	1300원

+ 150   + 150   + 150   + 150

(표 1)

	처음 돈	1개월 후	2개월 후	3개월 후	4개월 후
A 통장	1050원	2100원	4200원	8400원	16800원
B 통장	1050원	1200원	1350원	1500원	1650원

A 통장: × 2   × 2   × 2   × 2

B 통장: + 150   + 150   + 150   + 150

(표 2)

연습문제 08 P. 90

[정답] 256개

[풀이 과정]

1) (표)와 같이 첫 번째부터 다섯 번째까지 사각형의 모든 개수를 적습니다. 사각형의 개수는 앞 사각형 개수에 2를 곱하여 커지는 규칙이 있습니다.

	첫 번째	두 번째	세 번째	네 번째	다섯 번째
사각형의 개수	2개	4개	8개	16개	32개

× 2   × 2   × 2   × 2

(표)

2) 6번째 사각형의 개수는 32 × 2 = 64개이고 7번째 사각형의 개수는 64 × 2 = 128개입니다.
3) 따라서 8번째 사각형의 개수는 128 × 2 = 256개입니다. (정답)

연습문제 09 P. 91

[정답] 91개

[풀이 과정]

1) (표)와 같이 첫 번째부터 네 번째까지 쌓기나무의 개수를 찾습니다. 쌓기나무의 개수가 1, 4, 9, 16개로 3, 5, 7씩 커지는 규칙이 있습니다. 쌓기나무의 개수는 각각 1 × 1, 2 × 2, 3 × 3, 4 × 4로 같은 수를 두 번씩 곱하는 규칙이 있습니다.

	첫 번째	두 번째	세 번째	네 번째
쌓기나무 개수	1개	4개	9개	16개

+ 3   + 5   + 7

(표)

2) 규칙에 따라 5번째에는 16 + 9 = 5 × 5 = 25개의 쌓기나무가 있고, 6번째에는 25 + 11 = 6 × 6 = 36개의 쌓기나무가 있습니다.
3) 따라서 첫 번째부터 6번째까지 사용된 쌓기나무의 총개수는 1 + 4 + 9 + 16 + 25 + 36 = 91개입니다.

연습문제 10 ······ P. 91

[정답] 삼각형 : 128개, 사각형 : 127개

[풀이 과정]

1) (표)와 같이 네 번째까지 삼각형과 사각형의 개수를 각각 구합니다. 삼각형의 개수는 1, 2, 4, 8로 2씩 곱하여 커집니다. 사각형의 개수는 더하는 수가 1, 2, 4로 2씩 곱하여 커집니다. <5번째 도형>과 같이 삼각형의 개수는 16개이고 사각형의 개수는 15개가 됩니다. 각 단계에서 삼각형과 사각형의 개수의 차는 모두 1입니다.

2) 따라서 8번째에서 삼각형의 개수는 128개이고 사각형의 개수는 127개입니다.

	첫 번째	두 번째	세 번째	네 번째	5번째	6번째	7번째	8번째
삼각형 개수	1개	2개	4개	8개	16개	32개	64개	128개
사각형 개수	0개	1개	3개	7개	15개	31개	63개	127개

(삼각형 개수: ×2, ×2 / 사각형 개수: +1, +2, +4, +8, +16, +32, +64)

(표)

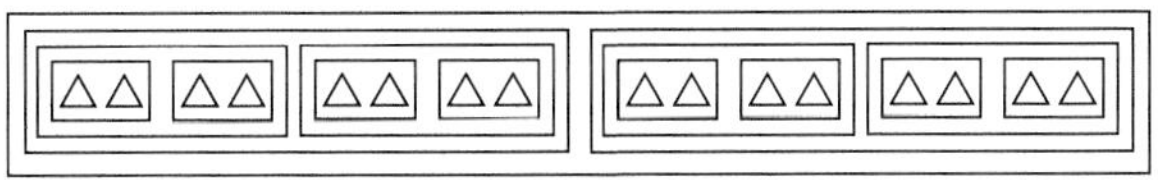

(5번째 도형)

심화문제 01 ······ P. 92

[정답] 검은 돌 : 24개, 흰 돌 : 25개

[풀이 과정1]

1) 아래 (표)와 같이 검은 돌과 흰 돌의 개수를 각각 적습니다. 검은 돌의 개수는 더하는 수가 2, 2, 4, 4로 두 번씩 같은 수를 더하고 2씩 커집니다.
   흰 돌의 개수는 더하는 수가 1, 3, 3, 5로 두 번씩 같은 수를 더하고 2씩 커집니다.
   6번째 검은 돌의 개수는 12 + 6 = 18개이고 6번째 흰 돌의 개수는 13 + 5 = 18개입니다.

2) 따라서 7번째 검은 돌의 개수는 18 + 6 = 24개이고 흰 돌의 개수는 18 + 7 = 25개입니다.

[풀이 과정2]

1) 바둑돌의 총개수를 차례대로 구하면
   1, 2 × 2 = 4, 3 × 3 = 9, 4 × 4 = 16, 5 × 5 = 25개입니다.
   7번째의 바둑돌의 총개수는 7 × 7 = 49개입니다.

2) 홀수 번째에서는 흰 돌이 검은 돌보다 1개 더 많고 짝수 번째에서는 흰 돌과 검은 돌의 개수가 서로 같습니다.

3) 7번째는 홀수 번째이므로 흰 돌이 검은 돌보다 1개 더 많아야 합니다. 따라서 49개 돌 중에서 흰 돌은 25개이고 검은 돌은 24개입니다.

	첫 번째	두 번째	세 번째	네 번째	다섯 번째	6번째	7번째
검은 돌 개수	0개	2개	4개	8개	12개	18개	24개
흰 돌 개수	1개	2개	5개	8개	13개	18개	25개

(검은 돌 개수: +2, +2, +4, +4, +6, +6 / 흰 돌 개수: +1, +3, +3, +5, +5, +7)

(표)

심화문제 02 ······ P. 92

[정답] 72개

[풀이 과정1]

1) (표)와 같이 원의 개수가 1개씩 늘어날 때마다 교점의 개수에서 더하는 수가 2씩 커집니다. 또한, 원의 개수가 N개일 때, 교점의 개수는 (N － 1) × N 개입니다.

원의 개수	1개	2개	3개	4개	5개
교점의 개수	0개	2개	6개	12개	20개

(+2, +4, +6, +8 / +2, +2, +2)

(표)

2) 원이 6개일 때, 교점의 개수는 20 + 10 = 5 × 6 = 30개이고
   원이 7개일 때, 교점의 개수는 30 + 12 = 6 × 7 = 42개입니다.
   원이 8개일 때, 교점의 개수는 42 + 14 = 7 × 8 = 56개입니다.

3) 따라서 원이 9개일 때, 교점의 개수는 56 + 16 = 8 × 9 = 72개입니다.(정답)

심화문제 03 ······ P. 93

[정답] 풀이 과정 참조

[풀이 과정]

1) (표 1)과 같이 파란색과 흰색 삼각형의 개수를 각각 구합니다. 파란색 삼각형의 개수는 3, 9, 27, 81로 3씩 곱하며 커집니다. 흰색 삼각형의 개수는 1, 4, 13, 40으로 더하는 수가 3씩 곱해지며 커집니다.
   5번째 파란색 삼각형은 81 × 3 = 243개이고
   흰색 삼각형은 40 + 81 = 121개입니다.
2) 따라서 5번째에서 파란색 삼각형과 흰색 삼각형의 개수의 차는 243 - 121 = 122개입니다.
3) 이 외에도 다른 방법으로 (표 2)와 같이 개수의 차를 구하면 2, 5, 14, 41로 더하는 수가 3씩 곱해지며 커집니다. 따라서 5번째 개수의 차는 41 + 81 = 122개입니다.

	첫 번째	두 번째	세 번째	네 번째	5번째
파란색 삼각형 개수	3개	9개	27개	81개	243개
흰색 삼각형 개수	1개	4개	13개	40개	121개

(파란색: ×3, ×3, ×3 / 흰색: +3, +9, +27, +81 (×3, ×3, ×3))

(표 1)

	첫 번째	두 번째	세 번째	네 번째	5번째
개수의 차	2개	5개	14개	41개	122개

(+3, +9, +27, +81 (×3, ×3, ×3))

(표 2)

심화문제 04 ······ P. 93

[정답] 검은 돌 : 40개, 흰 돌 : 41개

[풀이 과정 1]

1) (표 1)과 같이 검은 돌과 흰 돌의 개수를 각각 적습니다.
   검은 돌의 개수는 홀수 번째에서 짝수 번째로 갈 때, 더하는 수가 4, 8, 12로 4씩 커집니다.
   흰 돌의 개수는 짝수 번째에서 홀수 번째로 갈 때, 더하는 수가 4, 8로 4씩 커집니다.
2) 규칙에 따라 7번째 검은 돌의 개수는 여섯 번째 검은 돌과 같은 24개이고 7번째 흰 돌의 개수는 13 + 12 = 25개입니다.
   8번째 검은 돌의 개수는 24 + 16 = 40개이고 8번째 흰 돌의 개수는 7번째 흰 돌과 같은 25개입니다.
3) 따라서 9번째 검은 돌의 개수는 8번째 검은 돌과 같은 40개이고 9번째 흰 돌의 개수는 25 + 16 = 41개입니다.

	첫 번째	두 번째	세 번째	네 번째	다섯 번째	여섯 번째	7번째	8번째	9번째
검은 돌 개수	0개	4개	4개	12개	12개	24개	24개	40개	40개
흰 돌 개수	1개	1개	5개	5개	13개	13개	25개	25개	41개

(검은 돌: +4, +8, +12, +16 / 흰 돌: +4, +8, +12, +16)

(표 1)

[풀이 과정 2]

1) (표 2)와 같이 바둑돌의 총개수와 검은 돌과 흰 돌 개수의 차를 각각 적습니다. 바둑돌 총개수의 규칙은 더하는 수가 4, 4, 8, 8, 12로 두 번씩 같은 수를 더하고 4씩 커집니다.
   바둑돌 개수의 차는 홀수 번째는 항상 1개로 흰 돌이 더 많습니다. 짝수 번째는 3, 7, 11, 15개로 4씩 커지면서 검은 돌이 더 많습니다.
2) 따라서 홀수 번째인 9번째 총 바둑돌의 개수가 81개이고 바둑돌 개수의 차가 1개이므로 검은 돌은 40개이고 흰 돌은 41개입니다.

	첫 번째	두 번째	세 번째	네 번째	다섯 번째	여섯 번째	7번째	8번째	9번째
바둑돌 총개수	1개	5개	9개	17개	25개	37개	49개	65개	81개
바둑돌 개수의 차	1개	3개	1개	7개	1개	11개	1개	15개	1개

(총개수: +4, +4, +8, +8, +12, +12, +16, +16 / 개수의 차: +4, +4, +4)

(표 2)

창의적문제해결수학 01 ······ P. 94

[정답] 99cm

[풀이 과정]

1) (표 1)과 같이 각각 모든 선분의 길이를 구합니다.
(표 2)와 같이 선분의 길이는 2, 2, 4, 4, 8씩 커집니다.
더하는 수는 두 번씩 반복하여 더한 후 2를 곱하면서 커집니다.

2) 규칙에 따라 7번째 모든 선분의 길이는 27 + 8 = 35cm 이고 8번째 모든 선분의 길이는
35 + 8 × 2 = 35 + 16 = 51cm입니다. 9번째 모든 선분의 길이는 51 + 16 = 67cm입니다.

3) 따라서 10번째 모든 선분의 길이는
67 + 16 × 2 = 67 + 32 = 99cm입니다.

	모든 선분의 길이의 합
첫 번째	1 × 3 + 2 × 2 = 7cm
두 번째	1 × 3 + 2 × 3 = 9cm
세 번째	1 × 5 + 2 × 3 = 11cm
네 번째	1 × 5 + 2 × 5 = 15cm
다섯 번째	1 × 9 + 2 × 5 = 19cm
여섯 번째	1 × 9 + 2 × 9 = 27cm

(표 1)

	첫 번째	두 번째	세 번째	네 번째	다섯 번째	여섯 번째
모든 선분의 길이의 합	7cm	9cm	11cm	15cm	19cm	27cm

+2 +2 +4 +4 +8
×2 ×2

(표 2)

창의적문제해결수학 02 ······ P. 95

[정답] 720개

[풀이 과정 1]

1) (표)와 같이 나뭇잎 개수를 구하면, 한 달마다 2, 3, 4씩 곱하여 나뭇잎이 늘어납니다. 4 달 후에는 24 × 5 = 120개가 됩니다.

	현재	1 달 후	2 달 후	3 달 후
나뭇잎 개수	1개	2개	6개	24개

× 2 × 3 × 4

2) 규칙에 따라 5 달 후에는 120 × 6 = 720개의 나뭇잎이 있습니다.

MEMO